U0201015

生态环境大数据
应用实践

王晓东　张　巍　王永生　编著

吉林大学出版社
·长春·

图书在版编目（CIP）数据

生态环境大数据应用实践／王晓东，张巍，王永生
编著. --长春：吉林大学出版社，2023.3
　　ISBN 978-7-5768-0212-2

　　Ⅰ.①生… Ⅱ.①王… ②张… ③王… Ⅲ.①数据处
理-应用-生态环境 Ⅳ.①X171. 1-39

　　中国版本图书馆 CIP 数据核字（2022）第 143249 号

书　　名：生态环境大数据应用实践
　　　　　SHENGTAI HUANJING DASHUJU YINGYONG SHIJIAN
作　　者：王晓东　张　巍　王永生　编著
策划编辑：许海生
责任编辑：张文涛
责任校对：沈广启
装帧设计：刘行光
出版发行：吉林大学出版社
社　　址：长春市人民大街 4059 号
邮政编码：130021
发行电话：0431-89580028/29/21
网　　址：http://www.jlup.com.cn
电子邮箱：jldxcbs@ sina. com
印　　刷：三河市三佳印刷装订有限公司
开　　本：787mm×1092mm　　1/16
印　　张：16.25
字　　数：300 千字
版　　次：2023 年 3 月　第 1 版
印　　次：2023 年 3 月　第 1 次
书　　号：ISBN 978-7-5768-0212-2
定　　价：58.00 元

《生态环境大数据应用实践》
编 委 会

序

　　党的十八大以来，以习近平同志为核心的党中央将生态文明建设摆在治国理政的重要位置，统筹推进"五位一体"总体布局、协调推进"四个全面"战略布局，采取了一系列根本性、开创性、长远性措施。生态文明建设决心之大、力度之大、成效之大前所未有，系统地体现了习近平生态文明思想。从网信事业来看，习近平总书记高度重视网络安全和信息化工作，提出一系列具有开创性意义的新思想、新观点、新论断，形成了习近平总书记关于网络强国的重要思想。在这些重要思想指引下，我国生态文明建设和网信事业发展都发生了历史性变革并取得了历史性成就。

　　"十四五"时期，在实现第一个百年奋斗目标基础上，我国踏上开启全面建设社会主义现代化国家、向第二个百年奋斗目标迈进的新征程。要立足新发展阶段，完整、准确、全面贯彻新发展理念，加快构建新发展格局。生态文明建设进入以降碳为重点战略方向、推动减污降碳协同增效、促进经济社会发展全面绿色转型、实现生态环境质量改善由量变到质变的关键时期；网络安全和信息化面临迎接数字时代，激活数据要素潜能，推进网络强国建设，加快建设数字经济、数字社会、数字政府，以数字化转型整体驱动生产方式、生活方式和治理方式变革。

　　无论是经济社会发展全面绿色转型，还是生产方式和生活方式数字化变革，都需要充分挖掘数据要素的潜能，尤其是要发挥生态环境大数据的作用。在此背景下，《生态环境大数据应用实践》的出版恰逢其时。本书旨在推动"互联网+生态文明建设""生态文明建设+互联网"深度融合，做到精准治污、科学治污、依法治污，为深入打好污染防治攻坚战提供科技支撑保障，以持续改善生态环境质量，不断满足人民群众日益增长的优美生态环境需要，建设青山常在、绿水常流、空气常新的美丽中国。

　　是为序。

2021年9月30日

（作者系生态环境部环境与经济政策研究中心党委书记、主任）

前　言

　　"十三五"时期，我国生态文明建设和生态环境保护从认识到实践发生了历史性、转折性、全局性变化。以习近平同志为核心的党中央把生态文明建设作为关系中华民族永续发展的根本大计，习近平总书记亲自谋划部署、亲自指导推动，提出了一系列新理念、新战略、新举措，形成习近平生态文明思想，成为全党全国推进生态文明建设和生态环境保护、建设美丽中国的根本遵循。进入"十四五"时期，我国生态环境保护仍然处于关键期、攻坚期、窗口期，发展环境发生深刻复杂变化，结构性、根源性、趋势性压力尚未根本缓解。这意味着我们必须深刻认识我国已转向高质量发展阶段面临的新形势、新任务，深刻认识生态文明建设实现新进步的新目标、新内涵，立足新发展阶段，贯彻新发展理念，构建新发展格局，协同推进经济高质量发展和生态环境高水平保护，深入打好污染防治攻坚战，促进经济社会发展全面绿色转型，持续推进生态环境治理体系和治理能力现代化，实现生态文明建设新进步。

　　随着信息技术的飞速发展，生态环境领域进入信息化时代，利用现代化的数据采集、传输、分析技术，为解决错综复杂的生态环境问题提供了大量的数据支撑。生态环境大数据可以通过对采集的各类环境要素信息进行智能分析和建模，预测环境状况的变化趋势，制定相应应对政策，及时降低环境风险影响，保障生态环境安全。2016年，原环境保护部选取了吉林、贵州、江苏、内蒙古、武汉、绍兴等省（区）市环保部门试点开展生态环境大数据建设工作，发布了《生态环境大数据建设总体方案》，正式拉开了全国生态环境大数据建设的帷幕。目前，国内大部分省（区）市已实施了生态环境大数据建设，初步实现了大数据技术在污染防治攻坚战、污染源精细化监管、生态环境监测智慧化、生态环境治理能力现代化、服务"六稳""六保"等领域的应用。

　　本书作者组织和实施了内蒙古自治区生态环境大数据建设，编制了《内蒙古自治区生态环境大数据发展规划（2020-2022）》，建立了9大类、290

小项的环境数据资源目录体系，形成 3 万余家企业名录库；为贯彻落实习近平总书记在"一带一路"国际高峰论坛上的重要讲话精神，建成并上线"中蒙俄经济走廊生态环保大数据服务平台门户网站"；在乌海及周边地区、电力行业、"一湖两海"试点开展生态环境大数据分析，通过借助大数据挖掘分析与可视化手段，建设大气环境污染防治挂图作战、水环境污染防治挂图作战，形成大气、水污染防治全景一张图，开发态势概览、形势研判、作战指挥与考核评估相关功能。2020 年，本书编委会团队成功申请内蒙古自治区关键技术攻关项目《生态环境监测大数据资源体系与应用研究》（2020GG0094），依托课题实施，将理论与实践结合，开展了本书的编撰工作。

张树礼同志为本书顾问，为本书核心思想、撰写结构等提供指导。王晓东、张巍、王永生同志为主编，负责制定本书整体编制工作计划，组织撰写、汇稿、审稿等事务性工作。李明娜、李妍、金鹏、石艳菊、武秀梅为副主编，负责书籍编撰的日常性工作。何燕飞、翟刚、斯琴、翟娜、薛燕江等负责收集相关资料，参与书籍编写。全书共分为十章。第一、二章为基础，阐述了大数据、生态环境大数据的概念、特征、发展历程、面临形势等，由张巍编著；第三、四、五、六章为技术章节，阐述了大数据采集、预处理、存储、分析、可视化、安全等技术，由王永生编著；第七、八、九章为应用章节，其中第七、八章阐述了大数据在生态环境方面的应用技术，包括信息资源整合共享、管理支撑平台构建等方面的方法、技术要求、设计架构等，由何燕飞等编著，第九章结合课题实施，着重阐述了大数据在生态环境监测方面的技术及应用情况，由石艳菊编著；第十章为应用实例章节，依托《数字中国建设峰会数字生态分论坛优秀应用案例汇编》等基础材料，精选了全国生态环境大数据应用的优秀案例，列举了大数据在助力打赢污染防治攻坚战、强化污染源精准监管、推进生态环境监测智慧化、助推治理能力现代化、服务"六稳""六保"等方面的应用实例，由李明娜、李妍、李瑞强、金鹏、石艳菊编著。

在本书的编写过程中，编委会走访调研了生态环境部环境信息中心、生态环境大数据建设先进省（区）市，查阅了国内外大量文献资料。在参考文献中，如有遗漏引用出处者，敬请谅解。

在本书编制过程中，生态环境部环境信息中心、内蒙古自治区大数据中心、北京思路创新科技有限公司、内蒙古工业大学协助提供了大量的文献资料，在此表示衷心感谢。

信息技术发展日新月异，生态环境大数据正处于飞速发展阶段，希望本书能为生态环境信息化、环境管理工作者提供支持和帮助，希望生态环境大数据能为深入打好污染防治攻坚战，促进经济社会发展全面绿色转型，持续推进生态环境治理体系和治理能力现代化提供更加坚强有力的技术保障。

2021年9月1日

目　录

|第一章|
大数据概论

第一节　大数据的概念

一、什么是大数据

近些年，大数据继云计算、物联网、移动互联网之后，在全球掀起了信息技术的发展热潮，大数据渗透到国家治理、行业发展、社会生活等各方各面，为经济与社会发展带来了深刻变革。

然而，什么是大数据，多大的数据叫"大"？

2015 年，国务院印发《关于促进大数据发展行动纲要的通知》（国发〔2015〕50 号），将大数据上升至国家战略。纲要中对大数据的描述为：大数据是以容量大、类型多、存取速度快、应用价值高为主要特征的数据集合，正快速发展为对数量巨大、来源分散、格式多样的数据进行采集、存储和关联分析，从中发现新知识、创造新价值、提升新能力的新一代信息技术和服务业态。这一定义有三层意思：第一，大数据是数据集合；第二，大数据的主要工作流程是采集、存储和关联分析；第三，大数据的意义在于发现新知识、创造新价值和提升新能力。这一定义是在大数据与我国社会经济发展实际需求结合之下产生的，有助于推动大数据在我国落地实施。①

本书认为，大数据的"大"包含三个方面：一是指数据集大，包含数字、图片、声音、影像、文字等的海量数据；二是数据价值大，通过数据分析能发现大量的隐藏数据价值；三是给社会带来的变革大，人们对社会的认知由"经验认知"转变为"数据认知"，极大地改变了企业商业经营模式，有效地推动了

---

① http：//www.scio.gov.cn/xwfbh/xwbfbh/wqfbh/33978/34896/xgzc34902/Document/1485116/1485116.htm.

政府部门社会治理模式的变革、提升了社会治理能力，甚至从根本上改变了人类探索未知世界的思维方式和行为方式。大数据的核心是预测，大数据就是放弃对因果关系的渴求，而取而代之关注相关关系，只要知道"是什么"，而不需要知道"为什么"。

二、大数据的特征

大数据的特征最早用"3V"表示，而后出现了"4V""5V"，本书采用"5V"观点来表示大数据的主要特征。"5V"即海量性（volumes）、快速性（velocity）、多样性（variety）、价值性（value）、真实性（veracity）。

（一）海量性（Volumes）

随着信息化技术的高速发展，数据开始爆发性增长。一般情况下，大数据以 PB、EB 或 ZB 为计量单位。社交网络、移动网络、政务网络等，都成为了主要数据来源。淘宝网每天产生的商品交易数据约 20TB；脸书每天产生的日志数据超过 300TB；1PB（1PB＝1 024TB）相当于 50% 的全美学术研究图书馆藏书的信息内容；5EB（1EB＝1 024PB＝1 048 576TB）相当于至今全世界人类所讲过的话语；1ZB（1ZB＝1 024EB＝1 048 576PB＝1 073 741 824TB）如同全世界海滩沙子数量总和；1YB（1YB＝1 024ZB＝1 048 576EB＝1 073 741 824PB＝1 099 511 627 776TB）相当于 7000 位人类体内的微细胞总和。

普通的计算机处理 4GB 数据需要 4min 的时间，处理 1TB 需要 3h 的时间，而达到 1PB 的数据需要 4 个月零 3 天的时间。因此，迫切需要智能的算法和强大的数据处理技术，对这些海量的数据进行清理、整合、统计、分析、预测。

（二）快速性（Velocity）

普通计算机分析和处理海量数据需要大量的时间成本，大数据区分于传统数据分析最显著的特征就是其快速性。数据产生是非常快速的，大数据处理的响应速度也要求快速，很多数据分析结果如空气质量预警预报等都要求时效性，很多平台都需要做到实时分析。数据无时无刻不在产生，谁的速度更快，谁就有优势。

例如智能交通管理系统。以前没有视频监控摄像头，也没有智能手机，交管中心收集路况信息至少要滞后 30min，等到用户通过电台等方式接受到路况信息时，很可能已经堵在道路上了，这将使疏通交通时间进一步延后。有了大数据分析以后，软件公司可以根据用户智能手机定位信息及其变化速度，区分步行人员和驾驶人员，判断人流情况，根据汽车智能定位，结合交通摄像头，提供实时的道路交通拥堵情况，用户通过软件标识，能及时发现交通情况，调整行驶路线，缓解交通拥堵，这就是大数据快速性带来的好处。

（三）多样性（Variety）

大数据的多样性包括数据来源、数据类型、数据应用的多样性。

（1）数据来源多样性。大数据来源多种多样，互联网上淘宝、百度、今日头条等平台每天能产生大批量日志数据，物联网上交通监管、环境质量管理、污染源监管、医疗管理、公安侦查、政务服务等平台每天能新增大量数据信息，这些资源都是大数据分析的对象。

（2）数据类型多样性。数据来源于不同的应用系统和不同的传感器，导致了大数据类型的多样性。大数据可以分为三类：一是结构化数据，如财务系统数据、信息管理系统数据、医疗系统数据等，其特点是数据间因果关系强；二是非结构化的数据，如交通监管的视频、图片等，其特点是数据间没有因果关系；三是半结构化数据，如 HTML 文档、邮件、网页等，其特点是数据间的因果关系弱。十年前的数据以非结构化和半结构化为主，信息技术发展起来以后，结构化数据逐渐增多。对于结构化数据，大数据分析可以直接利用，而半结构和非结构化数据，还需要进行预处理。

（3）数据应用的多样性。大数据已逐渐应用于社会生产生活的各方各面，例如电子商务行业可利用机器学习识别消费者需求，主动推送符合消费习惯的产品，甚至与生产商联合定制满足消费者需求的产品；运用人脸识别技术开展公安刑侦工作，帮助抓捕嫌疑犯；金融行业基于大数据算法决定股权交易是购买还是出售；医疗行业利用大数据开展用药、病因、基因、疾病等分析；农业领域可通过对近年来各地的降雨、气温、土壤状况和历年农作物产量的综合分析，预测农产品的生产趋势；食品监管部门可通过大数据分析辅助政府及相关部门进行食品安全预警和食品溯源；教育行业可通过分析学习者行为数据和学习爱好数据，为学习者提供个性化的终身定制学习服务等。

（四）价值性（Value）

据 IDC 发布《数据时代 2025》的报告显示，全球每年产生的数据将从 2018 年的 33ZB 增长到 175ZB，相当于每天产生 491EB 的数据。[①] 据 IDC 预测，2025

---

① 　https://www.fx361.com/page/2019/0213/4788052.shtml.

年，全世界每个联网的人每天平均有 4909 次数据互动，相当于每 18s 产生 1 次数据互动。这么大的数据量，但是已经发挥出价值的仅仅是其中的一小部分，剩余的大部分都需要大数据来深挖其潜藏的巨大价值。大数据的价值在于通过机器学习、人工智能等方法，从海量数据中挖掘出未来趋势，并运用于各个社会领域，从而最终达到改善社会治理、提高生产效率、推进科学研究的效果。

（五）真实性（Veracity）

过去人们对数据的认识程度有限，思考方式停留在想当然的层面，分析方法的选择往往主观片面，人们往往先主观得出结论，再选取分析方法来验证结论的准确性，这就造成不同的人常常会分析出不同的结论。过去的分析方法有限，通常运用常规的数理统计方法，如抽样调查等，结果涵盖性不理想，还得不断修正减少误差。现在有了大数据以后，我们可以通过技术手段准确掌握全部样本的具体情况，分析出规律，准确性大大提升。例如，过去想了解一个地区人群的消费习惯，往往选取有代表性的人群或者社区开展统计工作，再从中分析出规律，在统计分析的过程中，已经形成了诸如北方人们爱吃肉、南方人们爱喝汤等主观认定，分析出的结论往往是已经掌握的信息，对提高销售量额帮助不大。现在我们可以通过淘宝、京东等电商数据，用大数据直接分析出人们的消费习惯，从而推送相应消费产品，提高销售额，譬如淘宝曾分析出广东人最爱买茶叶，坚果炒货最受江浙人民欢迎等结论，从而针对性地推广销售物品。

第二节　大数据的发展历程

一、大数据发展基础

大数据是数据处理能力和信息化技术发展到一定水平下的产物。

数据处理的萌芽出现在十九世纪末期，美国统计学家赫尔曼·霍尔瑞斯为了统计人口普查数据发明了一台电动器读取卡片上的洞数，该设备让美国用一年时间就完成了原本耗时 8 年的人口普查活动，由此在全球范围内引发了数据处理的新纪元。而后数据的收集和应用，数据处理设备的研发进入推动阶段，1943 年第一台可编程电子计算机出现并用于破译二战时期的纳粹密码。1961 年美国国家安全局用计算机自动收集处理信号情报。蒂姆·伯纳斯·李通过开创了一个叫作万维网的超文本系统在全球范围内利用互联网实现共享信息。随着数据收集量的翻倍增长，2008 年"大数据"的概念被提出来，而后大数据进入飞速发展阶段。

信息化发展方面，1837 年美国人莫尔斯研制了世界上第一台有线电报机，实现了文字的信息化传输。1876 年，美国人贝尔自制了第一台电话，实现了语音的信息化传播。1894 年电影问世。1925 年英国首次播映电视。20 世纪 60 年代，电子计算机投入应用，信息化技术进入快速发展阶段。20 世纪 90 年代初，美国开始实施"信息高速公路"建设，英国提出"信息时代政府"目标，我国实施了"经济信息化联席会议"制度并于 1998 年成立了信息产业部。现在，数字基础设施日益完善，物联网、云计算、人工智能、区块链等信息技术飞速发展，形成了与大数据协同发展的强大合力。

二、大数据发展历程

大数据的具体发展历程仁者见仁智者见智，并没有统一的划分。

我们认为大数据的发展可分为三个阶段：萌芽期、研究期、应用期。

（1）萌芽期（十九世纪末至 2008 年）。大数据的萌芽是个漫长的过程，数据收集、处理到分析、应用技术的逐渐发展，信息化技术水平的不断提升，引起了数据量的飞速增长，催生出对海量数据进行分析的探索研究，"大数据"就在这时被提上议题。

（2）研究期（2009 年至 2012 年）。大数据备受关注，政府、企业、群众都加入到大数据的研究行列，形成了政府引导、企业研发、群众参与的良好局面。

（3）应用期（2013 年至今）。各个领域开始推进大数据的应用，以大数据为核心的产业形态在我国逐步形成，大数据产品研发、应用标准等技术规范陆续出台，逐渐形成了包括数据资源与数据基础设施、数据分析、数据应用等板块构成的大数据生态系统，呈现了从技术向应用、再向治理的逐渐迁移。

目前，我们仍处于大数据应用阶段，且处于大数据应用的中等阶段。我们可以将大数据的应用分为三个层次：第一层是描述性分析应用，即从数据中总结规律、分析事物的历史发展情况；第二层是预测性分析应用，即分析数据关联关系、发展数据变化规律、预测事物的未来发展情况；第三层是指导性分析应用，即分析不同决策将导致的后果，对决策进行指导优化。目前，大数据的第一层应用已非常成熟，第二层预测性分析应用正处于发展时期，部分行业已有预测成果的应用，比如空气质量预警预报、金融市场的走向预测、疾病疫情预测、交通行为预测。但整体来看，预测模型仍需完善，预测的范围还需扩大，预测的准确性有待提升，这也是下一步大数据重点要解决的问题。

第三节　国内外大数据的发展概况

一、国外大数据的发展概况

(一) 美国

美国是大数据的"起源地"，也是大数据技术的前沿阵地。在政策制定方面，2012 年美国政府启动《大数据研究和发展计划》，将大数据核心技术研发、培养国家数据人才、保护国家安全作为主要战略目标，将卫生、能源、国防、安全、地质勘探、科学研究等方面作为重点发展领域。[1] 2013 年，美国信息技术与创新基金会发布《支持数据驱动型创新的技术与政策》，提出政府不仅要收集和提供数据，还要制定推动数据共享的法律框架，提高公众对数据共享重大意义的认识，具体提出了两点建议：一是政府应大力培养所需的有技能的劳动力；二是政府要推动数据相关技术的研发。[2] 2014 年美国发布《大数据：把握机遇，守护价值》白皮书，对美国大数据应用与管理的现状、政府框架和改进建议进行了集中阐述，提出在大数据发挥正面价值的同时，应警惕其对隐私、公平等长远价值带来的负面影响。[3]

在数据公开方面，2009 年，美国政府开始通过 Data. gov 网站进行大规模的数据公开，只要不涉及隐私和国家安全的相关数据均需在该网站上公开发布，涵盖了气候、农业、教育、经济等多个方面的数据。

在技术研发方面，大数据技术最早来源于谷歌的开源项目，联邦部门大数据项目列表对国防、民生及社会科学等领域的核心关键技术研发进行了详细部署，目前流行的大数据技术是以 Hadoop（一种分布式系统基础架构）+MapReduce（面向大数据并行处理的计算模型、框架和平台）为主的开源技术。目前大数据的技术标准基本由美国公司制定，全球前十大的大数据公司有九家都是美国企业。

在人才管理方面，美国拥有强大的人才基础，美国硅谷集中了全球 IT 人才，

---

① https：//www.sohu.com/a/127161244_472897.

② https：//wenku.baidu.com/view/15d4969377232f60dccca17a.html.

③ https：//max.book118.com/html/2016/0314/37642905.shtm.

集聚效应带来的知识突破使大数据成果层出不穷。美国重视人才培养，致力于扩大从事大数据技术开发和应用人员的数量，国家科学基金会鼓励研究性大学设立跨学科的学位项目，美国北卡罗来纳州立大学、佛吉尼亚大学、卡耐基梅隆大学等数十所大学都开设了数据分析、数据挖掘相关的课程，并且与企业合作，促进了产学研的深刻结合，培养了大批既有专业知识又有实干能力的人才。

在资金保障方面，美国国防部每年投入 2.5 亿美元资助利用海量数据的新方法研究，将传感、感知和决策支持结合在一起，制造人工智能系统，为军事行动提供支撑。美国国安局投资近 20 亿建立了号称世界最大的数据中心，进行多个监控项目的数据采集和分析。

（二）英国

英国从 2011 年开始投入大量资金、人力推动大数据技术的研发，在政策上给予大力支持，大数据在医疗、农业、商业等领域得到快速发展。

在政策支持方面，2013 年英国商务、创新和技术部牵头发布了《英国数据能力发展战略规划》，该规划从人力资本、基础设施、数据资源三个方面对英国大数据建设提出了明确要求。规划要求建设高技术水平的人才队伍，普及大数据基本知识，加快计算、存储设备、数据工具等技术研发，丰富数据资源，推动数据开放共享。①

在技术研发方面，强调以强大的数据存储、云计算、网络等基础设施为基础，大力开发新软件和新技术，提升研发实力。2012 年世界上首个开放式数据研究所 ODI 成立，英国政府通过 ODI 不断挖掘公开数据的商业潜力，推进英国公共部门、学术机构等创新成果的孵化。2014 年，图灵研究所设立，联合英国顶尖的五所大学进行互联网的大数据技术的研发，涉及数据分析、机器学习、人工智能、深度学习等领域。

在数据公开方面，英国政府建立了"英国数据银行"data.gov.uk 网站，发布政府公开政务信息，公众可以方便的进行检索、调用、验证政府数据信息，还可以对政府财政政策、开支方案等提出意见。

在人才管理方面，英国在牛津大学、伦敦大学等著名高等院校设立了大数据研究中心，带动大数据基础课程和相关专业的发展，推动高校与企业合作培养就业导向的高新技术人才，为大数据产业技术岗位输出了大量专业人才。

---

① https：//wenku.baidu.com/view/664f555e6bdc5022aaea998fcc22bcd127ff42f2.html.

在资金管理方面，英国政府加大对大数据领域的投资，2013 年，向 8 个高新技术部门投资了 6 亿英镑专项资金，其中涉及大数据研发的近 1.89 亿英镑；2014 年，英国政府投入 7300 万英镑促进大数据技术研发，包括 55 个大数据应用项目，以高校为依托投资兴办大数据研究中心，推动著名高校开设大数据专业等。此外，英国政府还获取了欧盟研究和创新资金——地平线 2020（Horizon2020）的大力支持。

（三）日本

日本以发展开放公共数据为核心，以务实的应用开发为主，推动大数据发展。

在政策支持方面，2012 年日本 IT 战略本部发布电子政务开放数据战略草案，推进政府数据公开。同年，日本推出了《面向 2020 年的 ICT（信息通信技术）综合战略》，推动大数据在智能技术开发、传统产业 IT 创新、新医疗技术开发、缓解交通拥堵等领域的应用。2013 年日本公布新 IT 战略——创建最尖端 IT 国家宣言，阐述了 2013—2020 年间以发展开放公共数据和大数据为核心的日本新 IT 国家战略，提出要把日本建设成为一个具有世界最高水准的广泛运用信息产业技术的社会。此外，日本颁布《高度情报信息网络社会信息基本法》，将 ICT（信息通信技术）作为日本未来发展的重点。[①]

在技术研发方面，日本重视大数据应用所需的社会化媒体等智能技术开发，将大数据和云计算作为本国 IT 产业发展关键，重点提出开放数据、数据流通、创新应用三个部分。日本成立"日本云计算财团（JCC）"产学研联盟等措施推动技术的创新发展。

人才管理方面，日本成立了"数据科学家协会"，努力培养大数据专业人才。

在资金投入方面，日本总部省、文部科学省、经济产业省等部门共投入近 100 亿日元推进大数据的研究和应用。

二、国内大数据的发展概况

我国政府把握机遇，大力推进大数据发展和应用。据资料显示，2019 年我国大数据产业规模达 5397 亿元，预计到 2022 年将突破万亿元，从而持续促进传统产业转型升级，激发经济增长活力，助力新型智慧城市和数字经济建设。

在政策制定方面，我国属于政府主导型市场经济发展模式，在推进大数据发展的过程中，政府引导起了很大作用。我国国家战略中制定了一系列政策以

---

① https：//www.renrendoc.com/paper/204464095.html.

推进大数据发展。2015 年国务院发布《促进大数据发展行动纲要》（简称《纲要》），把大数据发展上升为我国国家战略。《纲要》明确提出要加快政府数据开放共享，推动资源整合，提升治理能力；推动产业创新发展，培育新兴业态，助力经济转型；强化安全保障，提高管理水平，促进健康发展。《纲要》要求完善组织实施机制；加快法规制度建设；健全市场发展机制；建立标准规范体系；加大财政金融支持；加强专业人才培养；促进国际交流合作。① 2017 年我国工业和信息化部正式发布了《大数据产业发展规划（2016—2020 年）》，以强化大数据产业创新发展能力为核心，明确了强化大数据技术产品研发、深化工业大数据创新应用、促进行业大数据应用发展、加快大数据产业主体培育、推进大数据标准体系建设、完善大数据产业支撑体系、提升大数据安全保障能力等 7 项任务，提出大数据关键技术及产品研发与产业化工程、大数据服务能力提升工程等 8 项重点工程，研究制定了推进体制机制创新、健全相关政策法规制度、加大政策扶持力度、建设多层次人才队伍、推动国际化发展等 5 项保障措施。②

在技术研发方面，我国大数据发展相对起步较晚，技术基础相对薄弱，目前重点开展数据存储、整理、分析处理、可视化、信息安全和隐私保护等领域的技术产品研发，突破关键环节技术瓶颈。从全国各省市来看，信息基础设施、信息产业发展程度各不相同，其中北京、江苏、广东、上海、贵州等地走在全国前列。贵州是首个国家级大数据综合试验区，2015 年贵阳市成立了全国首个大数据战略重点实验室、首个大数据公共平台和首个大数据交易所；同年，江苏省经济和信息化委员会和盐城市人民政府共建大数据产业园；上海市成立了智慧岛数据产业园；北京市成立了中关村海淀园大数据基地；广东省成立了汕头大数据协同创新产业园等。

在人才管理方面，我国偏重于大数据应用人才及职业技能人员培养，政府致力于建立多层次、多类型的大数据人才培养体系。贵州省注重于人才引进，北京、上海、广东等地除了人才引进以外，更重视本地化培养。北京航空航天大学设置了全国首个大数据工程硕士学位；上海市开展数据科学专业教育和培训；广东省努力加强信息技术培训基地建设及国际交流培训；江苏和浙江省鼓励高校设立大数据技术课程；贵州省为补齐大数据人才不足的短板，建立了首个大数据行业人才服务云平台——"贵州省大数据人才云"；成都市政府印发

---

① http://www.sic.gov.cn/News/609/9713.htm.

② http://www.cac.gov.cn/2017-01/17/c_1120330820.htm.

《成都市引进培育大数据人才实施办法》，多举并措引进大数据人才等。

在资金保障方面，我国制定了面向大数据产业发展的金融、政府采购等相关办法，例如鼓励有条件的地方设立大数据发展专项基金，鼓励产业投资机构和担保机构加大对大数据企业的支持力度，引导金融机构对技术先进、带动力强、惠及面广的大数据项目优先予以信贷支持，鼓励大数据企业进入资本市场融资等。贵州省财政厅和大数据发展管理局联合印发《贵州省大数据发展专项资金管理办法（2020 修订版）》，规范全省大数据发展专项资金的管理和使用，明确了大数据专项资金的支持范围，提高资金使用效益。①

在行业应用方面，我国大数据的行业应用更加广泛，正加速渗透到经济社会的方方面面，与大数据结合紧密的行业扩展到政务、医疗、工业、交通、能源、教育、环保等。

第四节　大数据的重要意义

数据成为国家基础性战略资源，是 21 世纪的"钻石矿"。大数据已渗透到社会的各个领域，坚持创新驱动发展，加快大数据部署，深化大数据应用，已成为稳增长、促改革、调结构、惠民生和推动政府治理能力现代化的内在需要和必然选择。现阶段大数据的重要意义主要体现在社会和经济意义上。

一、大数据的社会意义

（一）大数据推动社会治理能力的提升

党的十八届三中全会提出推进国家治理体系和治理能力现代化，要求在治理环境、治理目标、治理格局、治理方式、治理工具、治理能力、治理评价等方面综合用力。大数据已成为推动政府治理能力提升的重要工具，大数据思维促进了治理方式的转变，大数据技术的应用有效提升了治理能力。

大数据技术实现了对海量数据的存储和分析，推动数据共享，帮助政府搜集、存储和分析来自内设部门及社会各界的数据，通过数据间的相关关系对事务进行预测，既盘活了数据资源，又提高了政府决策的精准性、预见性、科学性，提升了政务服务效率，节约了成本。例如，通过分析票务数据、结合手机用户漫游情况等，分析春节期间人员流动规律和规模，为公共交通和公共安全

---

① http：//czt.guizhou.gov.cn/xwzx/tzgg/202004/t20200407_64828185.html.

治理提供决策依据。

大数据思维推动了政府治理方式的转变。以往政府治理采用"头痛医头、脚痛医脚"的模式，采用加大资源投入的方式解决前期工作问题，例如交通拥堵就多修路，治安差就增派警察，这种方式对资源缺乏合理的规划和利用，造成了资源的大量浪费。现在进入大数据时代以后，可以通过数据化、物联化、智能化的分析平台，统一调配和规划现有的资源，使有限的资源得到最大的利用，如利用智能交通管理平台，实时监控路况，及时发布路况信息，疏导拥堵交通，还可以根据路口人流量和车流量自动调节红绿灯等待时间，节省交警指挥的人力成本。

（二）大数据促进信息社会的发展

大数据促进了信息技术革命，给人们生活带来了天翻地覆的改革。从衣食住行等角度来看，购物：通过分析个人消费习惯推送符合个人偏好的产品；就餐：通过个人以往就餐口味偏好推送附近的餐厅，并结合路况信息告知最佳交通行驶路线；购买房屋：通过各购房软件准确掌握房源信息，根据自己的购房要求，如地段、户型、产权、楼层等，利用智能筛选、精准定位，选取自己满意的房源；出行：可以根据智能交通系统实时推送的路况信息选择行驶路线，避免拥堵，还可以根据各大旅游景点人流量分析预测，提前规划旅游线路，避免了人看人、人挤人的尴尬，此外还能使用手机完成景区线上购票、刷脸扫码入园、酒店智能入住、餐厅自助点餐、线上预约车位、支付停车费等，为人们生活提供了便捷的服务。

（三）大数据催生新兴业态的涌现

大数据时代下，一大批形态多样、分工精细的新职业应势而生。

2019 年人力资源和社会保障部与国家市场监督管理总局、国家统计局联合向社会发布 13 个新职业，这是自《中华人民共和国职业分类大典（2015 年版）》颁布以来发布的首批新职业，其中涉及高新信息技术领域的职业主要包括：人工智能工程技术人员、物联网工程技术人员、大数据工程技术人员、云计算工程技术人员、数字化管理师、物联网安装调试员、工业机器人系统操作员和工业机器人系统运维员等。

2020 年初，第二批 16 个新职业应运而生，其中涉及高新信息技术领域的职业主要包括智能制造工程技术人员、工业互联网工程技术人员、虚拟现实工程技术人员、人工智能训练师等。

2020 年中，人力资源和社会保障部联合国家市场监督管理总局、国家统计局又发布了 9 个新职业，包括区块链工程技术人员、互联网营销师、信息安全测试员、区块链应用操作员等。

2021 年，根据数字化技术发展、企业高质量发展、绿色发展理念等需要，第四批新增了 18 个职业，其中集成电路工程技术人员、服务机器人应用技术员、电子数据取证分析师、密码技术应用员、智能硬件装调员、工业视觉系统运维员等涉及高新信息技术领域。

从传统的"工、农、兵、学、商"，到如今新职业的不断涌现，反映出中国经济新科技、新业态日新月异的发展。大部分的新职业与当下新兴的信息技术有关，比如人工智能、云计算、物联网、工业机器人、无人机等，这些技术都需要庞大的数据分析基础，都离不开大数据的强力支持。可以说，大数据催生新兴业态的涌现。同时大数据的发展与新业态相辅相成，这些新业态对大数据提出了更高的发展要求，倒逼大数据技术的快速发展。

二、大数据的经济意义

（一）大数据引领商业模式的变革

大数据正在催生以数据资产为核心的多种商业模式，总体上可以把这些商业模式分为六种类型。

第一类租售数据模式。主要业务范围为收集、整理、清洗、校对、打包、发布数据，提升数据增值。例如四维图新汇聚了百度地图、搜狗地图等上千家网站地图和众多手机地图品牌，集成海量动态交通数据，提供交通拥堵、交通预测、动态停车场、动态航班信息等智能出行信息服务。这一模式需要大量的数据采集和维护，企业要及时清洗、整理大量的实时数据，并转化加工成用户需要的数据才能销售获利。

第二类是租售信息模式。主要业务内容为大数据整理和分析，并通过各类渠道将信息传递、推广、销售出去。例如成立于 1981 年的美国彭博资讯公司是目前全球最大的财经资讯公司，为全球各地的公司、金融、新闻等提供实时行情、金融市场历史数据、价格、交易信息、新闻和通讯工具。这一模式的关键在于采编各类信息咨讯，并多渠道进行信息和咨讯的推广。

第三类是数字媒体模式。主要业务内容为利用数据挖掘技术帮助客户开拓精准营销，企业通过客户增值部分提成。例如亿赞普集团通过多数据源的采集与并发处理，搭建了全球化的互联网媒体平台，通过与全球运营商及互联网网站合作，基于自主创新的大数据智能处理技术，在全球互联网上部署一张跨多个国家、多个地区、多个语言体系的电子商务平台和互联网媒体。这一模式的关键在于基于大数据分析和挖掘而积累的互联网知识。

第四类是数据使能模式。主要业务内容包括在某一具体行业，通过大量数据挖掘和分析预测相关主体行为，以开展业务。常见于金融和信贷行业的非大型企业，通过联网在线分析微小企业的交易数据、财务数据等，分析出可提供的贷款额、回收时间等，降低坏账风险。例如阿里巴巴金融为小微企业和网商个人创业者提供互联网化、批量化、数据化的金融服务，向无法从传统金融渠道获得贷款的弱势群体提供金额小、期限短、随借随还的纯信用小额贷款服务。这一模式的关键在于保证数据的真实性和完整性，适时进行风险分析。

第五类是数据空间出租模式。主要业务内容为在大数据计算基础设施上，通过出租虚拟空间，从文件存储扩展到数据聚合平台。很多互联网企业都在提供这类服务，比如云盘、网盘等，这些企业既可以成为数据聚合平台，又可以结合其他大数据营销模式，使盈利模式更加多元化。这一模式的关键在于平台的开发和维护，能保障数据安全，提供数据备份。

第六类是大数据技术提供商模式。主要业务内容是在大数据技术和工具基础上，围绕 Hadoop 架构开展产品研发、技术服务，或是开发非结构化数据处理技术。从数据量上来看大数据的非结构化数据是结构化数据的 5 倍以上，任何种类的非结构化数据处理都可以重现现有结构化数据，无论是语音、视频、语义识别还是图像数据处理领域都可以出现大型的高速成长企业。拓尔思是国内人工智能和大数据技术及数据服务提供商，致力于海量非结构化信息处理为核心的软件研发、销售和技术服务。这一模式的关键在于准确把握技术发展方向并提供技术服务。

（二）大数据促进经济发展方式的转变

大数据推动着中国经济快速发展，提升了相关企业竞争力，中国经济由粗放型发展逐步向绿色可持续精细化发展转变。

从生产要素结构和主导要素变化来看，信息时代起主导作用的为知识和技术。随着大数据的发展，数据分析处理和应用能力成为决定社会生产和产业形态的新的主导因素。

从生产方式来看，进入大数据时代，云计算、物联网、移动互联等先进技术引入了产业经济与信息经济，以往的"需求—设计—制造—销售与服务"的生产方式,逐步转化为以"精确、定制、开放"为特征的新型生产方式。例如京东通过分析客户检索词,为厂商提供新产品的设计思路,从源头上为消费者定制生产更青睐的产品,从而提高销售额。

表1.1　不同社会发展阶段的生产方式比较

社会发展阶段	生产方式	主要特征
农业经济时代	手工作坊式单件生产	手工生产、单件定制
工业经济时代	机器批量生产	高效率、低成本
信息时代	多品种小批量的柔性生产	满足多元化、个性化需求
大数据时代	个性化开放式的智能生产	精确、定制、开放

从消费方式来看,人们消费习惯从线下逐步转为线上,海量的线上消费数据得以记录、保存和分析,帮助企业更加全面地掌握消费的真实情况和变化趋势。

从传统产业升级来看,大数据帮助打破上下游之间的壁垒,并不断延伸产业链。传统制造业和商贸业在向互联网转型的过程中,通过技术创新、产品创新、服务创新和商业模式创新推动互联网与企业的融合发展,实现线上线下营销渠道的有机统一。美国麦肯锡全球研究院测算大数据促进美国制造业净利润增长达60%,使零售业产品开发、组装成本下降50%。

从经济增长机制来看,大数据通过海量数据分析,提供精准的定价,根据消费者的偏好定制产品,实现了生产者利润与消费者利益的最大化,未来的生产模式将依靠大数据技术在长尾需求和短尾需求之间确定均衡点,信息化、智能化将与产业发展不断融合,推动社会生产力的进步和经济增长质量的提高。

第五节　大数据的典型应用及其意义

随着大数据技术的逐渐成熟,大数据的行业应用越来越广泛,交通、能源、教育、医疗、制造等社会各行各业都已融入了大数据的印迹。

一、交通大数据

随着传统交通采集和移动交通采集大数据的快速发展,一体化、数字化、智慧化的综合交通管理体系逐渐登上舞台,成为近期交通业发展的热点,铁路、航空、高速公路、城市交通、物流等领域的交通大数据应用呈现爆发式增长。大数据在综合交通体系的应用主要体现在交通规划设计、交通运营管控、交通安全保障、智慧物流等领域。

（一）交通规划设计

传统的交通规划设计方法、流程需要耗费大量的人力、物力收集分析数据，数据的准确性堪忧，数据收集标准没有统一，数据分析结论应用有限。在大数据技术的支持下，可以通过多源异构数据的采集，引进深度挖掘、自适应学习、人工智能等技术实现现状问题诊断分析、提供最佳可行的设计方案，通过建立多模式、多组合的交通出行、联运方式，实现各交通模式间的合理分工、优势互补、有机衔接。应用大数据驱动的虚拟现实仿真技术，可实现真实的综合交通智能化规划设计体验，精准评价规划设计方案。

（二）交通运营管控

传统的交通需求管理主要是基于静态的历史数据制定管控计划，这些数据形式单一，无法全方位、动态地反映交通运行状态，交通系统整体的调控能力和运行效率不足。大数据可通过实时采集动态交通状态数据、交通拥堵数据等，应用非集计模型、智能体模型和活动基模型的交通出行特征精准分析技术，分析旅客出行特征，基于多模式交通的智能信号优先控制、混合路权控制技术、多维度交通的一体化协调控制技术，提高交通运行状态的估计精度，从而合理利用错峰出行、交通诱导、出行共享等手段管控交通情况。例如，可以通过传感数据了解车辆通行密度，合理规划出行路线；利用大数据调度信号灯，即时调控车流量。

（三）交通安全保障

传统的交通安全可靠性分析多基于大量交通事故的数据积累，缺乏多维度的动态数据支撑和系统性的评价体系。大数据时代，人们可以结合基础设施数据、人员作业信息、特种作业信息、以往事故数据等，通过建立事故模拟模型、应急调度和疏散模型等，综合分析和预测交通事故发生概率，提出相应的决策措施。

（四）智慧物流

传统的物流资源配置存在供需信息单一、集中程度低、联运调配水平低等问题，通过运载工具和货物的智能匹配、物流全程信息监控、多式联运平台互联互通，优化车辆资源调度、车辆选择路径、物流配送网络，实现物流的智慧动态配置，降低成本，提升效益。

二、能源大数据

能源大数据的应用范围十分广泛，涵盖了电力、化石能源、可再生能源等领域，涉及能源开发、传输、转换、存储、交易、消费等诸多环节。大数据可促进能源科学开发利用、服务节能减排、降低能源消耗，为减少碳排放、实现碳达峰、碳中和提供强大的数据支撑。大数据助力能源行业发展，主要体现在能源勘测规划、能源生产与运行、能源输送与调度、能源配售与消费四个方面。

（一）能源勘测规划

通过采集风力、水力、气候、化石能源、地域环境、人口数据、用能数据、社会经济数据等多种数据，分析区域能源供给的薄弱环节，从建设成本、环境保护、经济效益等方面提供最佳方案支持。例如大数据可综合分析温度、风向、湿度、环境保护政策等因素，优化风机选址，实现能量的高效输出。

（二）能源生产与运行

通过大数据分析能源设施的运行工况、试验、状态监测、台账、检修维护记录、故障信息、视频图像等结构化、半结构化和非结构化的数据，实现能源设施健康状况的准确评估，以及设施故障的精准定位和智能诊断，从而对能源设施进行全生命周期管理。此外，通过分析可再生能源相关参数，如温度、湿度、光照、风速、水量等，基于数学模型、人工智能等技术，为精准预测可再生能源出力，为能源调控提供数据支撑。

（三）能源输送与调度

大数据通过整合分析地理、交通、气候、环境、人口、经济发展等多领域庞杂的数据，实现能源输送供需平衡及输送路径的合理优化，包括煤炭等陆路及海上的交通运输，石油、天然气的管道输送，电力电网输送等。此外，大数据通过对可再生能源、传统能源等大量复杂能源系统的数据进行实时性分析，预测未来发展态势，实现对分布式能源处理决策、需求侧响应等，提升能源系统抗干扰能力，改善能源供应质量。

（四）能源配售与消费

通过智能仪表、传感器等采集能源用户的消费信息，结合地理、气候、电价、经济等大量外部数据，分析用户行为，对能源消费者进行画像，实现能源的合理配送与精准营销，通过调整用户能源消费习惯，实现能耗的优化管理。

三、医疗大数据

在医疗卫生领域，随着医学信息系统的大规模应用，医疗数据的类型和规模也在不断膨胀，这些数据资源主要包括四个方面：一是病人就医产生的个人信息、身体状况、疾病记录、医疗费用等；二是临床医疗研究和实验室数据；三是制药企业和生命科学数据；四是智能穿戴设备的健康管理数据。这些数据可以为疾病预测管理控制、医疗研究等提供数据支持。目前医疗大数据的分析应用主要涉及临床医疗业务、自我健康管理、药物研发、新型商业模式、公众健康监控五大领域。

（一）临床医疗业务

大数据可以通过对大量患者的个人身体状况信息、疾病数据、疗效数据进行全面比对分析，对多种治疗措施进行深入比较，确定适合某类患者的最佳治疗方案。基于疗效的比较效果研究可全面分析病人特征数据和疗效数据，比较各种治疗措施的有效性，找到针对特定病人的最佳治疗途径，减少医疗费用。

（二）自我健康管理

医疗工作者可以通过穿戴式健康设备对慢性病患者进行实时远程健康监测，及时提出健康管理的建议。大数据对收集数据进行分析，即时预警并提醒患者就医。此外，患者也可将自己的健康信息，如血压、呼吸、血糖、体温等上传至医疗云，由专家分析提出建议。

（三）药物研发

在药物研发过程中，可通过数学建模和分析确定最佳投入产出比，降低医药成本。在临床试验中，可通过对实验数据和患者就诊信息，以及疗效数据进行大数据分析，发现药物隐含的适应症及副作用。

（四）新型商业模式

网络家庭医生已十分流行，普通人可通过上传本地医院就诊信息、描述病情，通过网络付费方式咨询医生，解决异地就医困难的问题。现在网络上已有许多运行较成熟医疗平台，如"好大夫"、"丁香园等"。利用大数据，患者和医生可以方便地找到与之有关的患者、治疗方案等信息，为广大患者提供了就医便利。

（五）公众健康监控

公共卫生部门可通过覆盖全国的医疗数据中心，对传染病、大规模伤亡事件等进行全面检测，通过集成疾病监测和响应程序，快速进行响应，实现"早防范、早发现、早控制"。

第六节　大数据的发展趋势

一、大数据技术体系将持续创新和变革

随着数据规模高速增长，现有技术体系难以满足大数据应用的需求，大数据理论与技术远未成熟，未来信息技术体系将需要颠覆式创新和变革。

目前，大数据获取、存储、管理、处理、分析等相关的技术已有显著进展，但是技术体系尚不完善，还有许多问题仍需解决。未来一段时间，预测趋势仍将是大数据研究的热点，但随着数据量的指数式增长，现有的数据处理能力将远远满足不了快速增长的分析数据体量需求。因此，数据增长倒逼技术变革，新的大数据技术将不断涌现，同时也带来信息技术产业的颠覆式发展，例如软硬件开源开放趋势导致产业发展生态的重构等。

从近期大数据产业技术研究方向看，可视化、虚拟现实技术、人工智能、区块链等仍是研究的主攻方向。可视化是利用计算机图形学和图像处理技术，将数据转换成图形或图像在屏幕上显示出来，并进行交互处理的理论、方法和技术，已成为研究数据表示、数据处理、决策分析等一系列问题的综合技术。虚拟现实技术，利用计算机生成一种交互式的三维动态视景，目前已用于电视会议、网络技术、分布计算技术等。人工智能，是研究、开发用于模拟、延伸和扩展人的智能的理论、方法、技术及应用系统的一门新的技术科学，目前已应用于机器视觉、指纹识别、人脸识别、智能搜索等。区块链是分布式数据存储、点对点传输、共识机制、加密算法等计算机技术的新型应用模式，目前区块链技术的应用仍处于小范围测试阶段，距离大规模实践应用还有很长的路要走。

二、大数据应用规模和层次将不断突破

大数据已在社会经济领域有了众多成功的应用案例，但就其规模和深度而言，可以说，当前大数据应用尚处于中级阶段，根据大数据分析预测未来、指导决策支持的深层次应用将成为发展重点。

大数据决策分析，类似于人们大脑做出决策的流程，通常包括：认知现状、预测未来和选择策略这三个基本步骤。认知现状阶段，大数据负责展现与现状相关的信息和知识；预测未来阶段，大数据通过数学模型，分析预测未来态势；

决策支持阶段，大数据需要分析预测每个策略将产生的后果，提供最优策略。现阶段，在大数据应用的实践中，描述性、预测性分析应用多，决策指导性等更深层次分析应用偏少，例如大数据在自动驾驶、政府决策、军事指挥、医疗健康等领域，仍需解决一系列核心技术。未来，随着应用领域的拓展、技术的提升、数据共享开放机制的完善，以及产业生态的成熟，具有更大潜在价值的预测性和指导性应用将是发展的重点。

三、大数据治理体系亟待完善

当前，随着我国大数据资源不断丰富，产业链条不断完善，融合创新应用不断涌现，大数据产业取得了阶段性的发展成果。但大数据治理体系远未形成，数据的确权、流通和管控面临多重挑战；数据壁垒广泛存在，阻碍了数据的共享和开放；法律法规发展滞后，数据应用存在隐私保护、安全问题。这些问题制约了数据资源中所蕴含价值的挖掘与转化，成为近期大数据发展要着力突破的障碍。

我国大数据治理体系仍处在发展的初期阶段，推进大数据治理体系建设将是未来较长一段时间内需要持续努力的方向。首先需要完善法律法规，数据隐私、安全问题是近期大数据发展首要解决的。一方面，数据量呈指数式增长，数据开放共享的需求十分迫切，大量数据的分析应用基于海量的数据，而往往一个部门掌握的数据有限，需要通过共享实现对多源数据的综合融合和深度分析。另一方面，数据的无序流通与共享又可能导致隐私保护和数据安全方面的重大风险，亟需建立规范和标准，对数据的安全使用进行监管。

第二章
生态环境大数据概述

第一节　生态环境大数据的概念及特征

一、生态环境大数据的概念

党中央、国务院高度重视大数据在推进生态文明建设中的地位和作用。

随着环境信息技术的飞速发展，生态环境部门在环境监测、污染源监管等工作中，积累了大量的数据。利用大数据技术，我们可打破现有环境管理条块职能分割，从体制上促进数据共享开放；可推动环保工作"用数据说话，用数据管理，用数据决策，用数据服务"，创新环境治理手段和方式，提高生态环境管理现代化水平，促进环境管理由粗放化向精细化、由被动响应向主动预见转变。

那么，生态环境大数据的定义是什么？

国务院2015年发布的《促进大数据发展行动纲要》（国发〔2015〕50号）对大数据的定义为：大数据是以容量大、类型多、存取速度快、应用价值高为主要特征的数据集合，正快速发展为对数量巨大、来源分散、格式多样的数据进行采集、存储和关联分析，从中发现新知识、创造新价值、提升新能力的新一代信息技术和服务业态。[1]

结合大数据的定义，生态环境大数据可定义为：通过对社会经济活动中产生的与生态环境领域相关的海量数据进行采集、存储和关联分析，为生态环境治理体系和治理能力现代化提供支撑的新一代信息技术和服务业态。

二、生态环境大数据的特征

生态环境大数据同样具有"5V"特征，即海量性（volumes）、快速性（ve-

---

[1]　http：//www.scio.gov.cn/xwfbh/xwbfbh/wqfbh/33978/34896/xgzc34902/Document/1485116/1485116.htm.

locity）、多样性（variety）、价值性（value）、真实性（veracity）。

海量性方面，生态环境大数据具有海陆空天地一体的巨大数据量，依托污染源普查、环境统计、环境质量监测、污染源在线监测等生态环境业务，产生了大量的数据，随着信息化水平的不断提升，越来越多实时化的环境管理业务数据涌现，且呈爆发式增长，数据量从 TB 级别跃升到 PB 级别，生态环境领域数据规模是不可小觑的。

快速性方面，一方面数据量的快速增长倒逼数据分析处理速度的快速提升，另一方面，环境管理业务要求数据分析的实时性和快速性，比如空气质量预警预报、环境应急管理等，只有实时处理分析这些动态新数据，并与历史数据结合分析，才能挖掘出应用价值，为生态环境问题提供决策支撑依据，分析结果过时就失去了价值。

多样性方面，环境管理业务涉及范围十分广泛，从经济角度看，涉及各行各业生产、流通、分配、消费等各个环节；从技术角度看，涉及物理、化学、生物等多学科领域；从管理部门看，涉及生态环境、农牧业、林业、水利、住建、自然资源、气象、交通等多个方面；从业务角度看，涉及环境监测、执法、排污许可、统计、污普、信访投诉等多项业务；从监管要素来看，涉及水、气、声、土、固废、生态、辐射等多种多样。因此，环境数据也是多样化的，除了物联网、互联网等产生的结构化和半结构化数据以外，还有大量日常工作中积累的图片、文档等非结构化数据。

价值性方面，生态环境数据具有巨大的应用价值。我们可以从大量庞杂数据中洞察环境变化趋势、找准重点、把握规律，提取出有用信息，智能解析最佳方案，指导环保决策部署，提升环境管理的科学化水平。

真实性方面，生态环境管理业务中"数出多门"问题已是公认的难题，环境统计、污染源普查、污染源在线监测等业务中都产生企业污染物排放总量数据，那么企业到底排了多少污染物呢？这是需要大数据解决的问题。

第二节　生态环境大数据的发展历程

一、生态环境大数据发展基础

随着信息技术的飞速发展，生态环境领域进入信息化时代，利用现代化的数据采集、传输、分析技术，为解决错综复杂的生态环境问题提供了大量的数据支撑，为生态环境大数据的快速发展奠定了坚实的数据及技术基础。

"十一五"末，随着环境保护部启动"国家环境信息与统计能力建设项目"，我国环境信息化进入飞跃发展阶段。"国家环境信息与统计能力建设项目"围绕建立与完善"科学的减排指标体系、准确的减排监测体系、严格的减排考核体系"的要求，在全国铺开环境信息化建设，基本实现"两个一举"，即一举补齐中国环境信息化的"短板"，建立起部、省、市、县四级网络；一举带动全国各地环境信息化的队伍建设。通过项目的实施，国家制定了27项信息化标准与技术规范及《环境信息共享互联互通平台总体框架技术规范》等12项国家环境保护标准，为全国各级环保信息化建设提供了技术规范和指导。

2010年环境保护部召开了第一次全国环境信息化工作会议，这是30多年来我国环保历史上的第一次，也是环境信息化发展进程中的第一次会议，标志着我国环境信息化建设进入蓬勃发展的新阶段。会议提出深入推进环境信息化建设能强化环保工作、推动科学决策、促进社会和谐发展，是我国国家信息化发展的客观要求，是建设服务型机关政府的重要手段，是实现环境管理科学决策和提升监管效能的基本保障。

2011年，《国家环境保护"十二五"规划》中提出全面推进信息环境保护能力标准化建设，提高环境信息的基础、统计和业务应用能力，建设环境信息资源中心。规划在污染源监管、环境质量监测、危废管理、核与辐射监管、生态环境质量监测等方面提出了信息化建设的具体要求。污染源监管方面提出加快国家、省、市三级自动监控系统建设，建立预警监测系统，加强污染源自动监控系统建设、监督管理和运行维护；环境质量监测方面，提出在重点地区建设环境监测国家站点，提升国家监测网自动监测水平；危废管理方面，提出利用物联网和电子标识等手段，对危险化学品等存储、运输等环节实施全过程监控；核与辐射监管方面，提出健全核与辐射环境监测体系，建立重要核设施的监督性监测系统和其他核设施的流出物实时在线监测系统；生态环境监测方面，提出提升国家监测网自动监测水平，推进环境专用卫星建设及其应用，建立卫星遥感监测和地面监测相结合的国家生态环境监测网络。①

"十二五"末、"十三五"初，随着《中华人民共和国环境保护法》（修订）《大气污染防治行动计划》《水污染防治行动计划》《土壤污染防治行动计划》的颁布，史上最严格的环境保护制度开始实施，各地开始投入大量资金用于环境监

---

① http://www.gov.cn/zhengce/content/2011-12/20/content_4661.htm.

管能力建设，包括建设环境质量监测、污染源监管、移动执法等业务系统，依托物联网、云计算、大数据等新技术，全面提升信息化对环保业务的支撑能力。

通过多年建设，我国污染源、环境质量监测网络不断完善，全国共建成省、市级污染源监控中心 300 余个，对三万余家企业实施了污染源自动监测，监控点达五万多个。全国 337 个地级及以上城市全部具备细颗粒物（$PM_{2.5}$）等六项指标监测能力，城市空气质量自动监测站点达 5000 余个。国家地表水水质自动监测站达千余座，城市声环境监测网建设近 8 万个点位。生态环境部发布了全国重点污染源自动监控与基础数据库系统、全国排污许可信息管理系统、全国固体废物管理信息系统、全国固定污染源统一数据库等信息系统，信息化决策支撑能力逐步提升。各省市生态环境部门都已建立了门户网站，依托网站开展政务信息公开、政务服务、政民互动、环境宣传等工作，大部分省市通过微信、微博等渠道实现了信息公开、政务服务、互动交流，为群众了解生态环境信息、办理相关事项提供了极大的方便。

2016 年，环境保护部印发《生态环境大数据建设总体方案》，提出了生态环境大数据建设的总体架构为"一个机制、两套体系、三个平台"，方案设置了五年目标，部署了六项重点任务，提出了五项保障措施。生态环境大数据进入发展阶段。

2018 年，环境保护部印发《20182020 年生态环境信息化建设方案》，明确建设生态环境大数据、大平台、大系统，形成生态环境信息"一张图"。

2019 年，环境保护部信息中心印发了《关于加强生态环境网络安全和信息化工作的指导意见》，要求改革和创新生态环境信息化发展理念、方式和途径，加强生态环境信息化统一集中，提升信息化水平和能力，发挥信息化为生态文明建设的支撑作用，助力打好污染防治攻坚战。

2021 年，环境保护部印发的《关于优化生态环境保护执法方式提高执法效能的指导意见》《环境信息依法披露制度改革方案》《"十四五"生态环境监测规划》等文件，提出了信息化在生态环境执法、环境信息公开、生态环境监测等业务方面的应用要求。

二、国内外生态环境大数据的发展现状

（一）国内生态环境大数据发展现状

生态环境大数据通过对采集的各类环境要素信息进行智能分析和建模，预测环境状况的变化趋势，制定相应保护政策，及时降低环境风险影响，保障生

态环境安全。2016 年，环境保护部选取了吉林、贵州、江苏、内蒙古自治区、武汉、绍兴等省市环保部门试点开展生态环境大数据建设工作。目前，国内大部分省市开展了生态环境大数据建设，初步实现了大数据技术在污染防治攻坚战、污染源精细化监管、生态环境监测智慧化、生态环境治理能力现代化、服务"六稳""六保"等领域的应用。

福建省于 2015 年按照"大平台、大整合、高共享"的集约化建设思路，重点打造"一中心、一平台、三大应用体系"，在全国率先建成省级生态环境大数据云平台，编制了生态环境大数据资源规划、数据资源共享目录，构建"横向到边、纵向到底"的数据共享体系，充分利用物联网技术、云计算技术、遥感技术和专业智能模型，建立污染防治攻坚战指挥决策辅助系统，设计领导驾驶舱模块，实现"一个平台指挥调度"信息化管理；建设水、气精细化管理系统，实现水环境质量动态监控、污染物扩散模拟、水质预测预警、水污染溯源分析、大气立体监测网络数据分析、预警预报、移动源动态污染排放、大气环境敏感点识别等功能；建立"一企一档""一园一档""一区一档"数据库，实现对企业的"全生命周期"监管，提升环境风险预警和应急处置能力；建立面向企业、公众的统一门户，实现企业一站式服务。福建省通过大数据项目的实施，推动实现综合决策科学化、环境管理精细化、环境监管精准化、公共服务便民化，初步实现监测监控的现代化和环境管理的智慧化。2018 年底，福建省生态云平台上联下通、互联互通的"横向到边、纵向到底"的做法，得到了生态环境部的充分肯定并发函向全国推介、推广。

内蒙古自治区于 2016 年启动生态环境大数据建设，通过纵向制定《内蒙古自治区环境数据共享管理办法》，横向签订部门合作协议，经过四期建设，已初步建成生态环境大数据管理平台，建立了包括环境质量、自然生态、污染源、核与辐射、环境风险与应急、环境政策法规标准、环保科技与产业、政务信息、环境保护相关信息 9 大类环境数据资源目录体系；建设固定污染源统一数据库，整合排污许可、污染源在线监测等系统数据，形成了"一企一档"；试点开展生态环境大数据应用平台建设，包括大气、水污染防治攻坚战挂图作战平台、"一湖两海"大数据分析平台，重点流域断面水质污染补偿分析、水污染防治绩效考核管理平台等；发布了《内蒙古自治区生态环境大数据发展规划》（2020-2022），基本完成中蒙俄经济走廊生态环保大数据服务平台门户网站建设。

江西省生态环境厅于 2020 年启动实施生态环境大数据平台建设项目，依托省电子政务外网、省政务云，利用省生态环境厅现有信息化基础，建立生态环境大数据资源中心和生态环境大数据智能服务中心等两个中心，开发业务协同、目标管控、政务及公共服务三类大数据应用，建成一批从预警、分析、研判、辅助决策到执行落实的生态环境大数据创新应用系统，实现生态环境数据大集成、大整合、大共享、大治理，全面推动生态环境管理业务协同效率，通过数字化、智慧化手段提升江西生态环境治理现代化水平。

（二）国外生态环境大数据发展现状

欧美等国家信息化基础好，信息技术发展较早，环境大数据应用比较成熟。

在机构方面，美国环保局是环境信息的主管部门，局设环境信息办公室，由首席信息官领导。环境信息办公室负责信息的全过程管理。区域办公室及各州环保部门中均设有环境信息办公室或信息专人，负责环境信息收集、上传、维护、发布等工作。工作机制方面，美国建立了大数据收集、分析、技术处理和发布的一体化工作流程，确保了环境信息从企业至公众的传递渠道。信息系统方面，美国主要依托设施登记系统（FRS）、环境信息交换中心（CDX）和环保事实数据库（Envirofacts）。设施登记系统（FRS），实施对企业、污水处理厂、民用设施、采矿作业等享有排污权的设施设置唯一标识码，形成排污设施登记数据库，并将其作为业务数据整合的核心，推动数据集成和共享；环境信息交换中心（CDX）是数据收集和交换的中心，各政府机构、环保团体、企业能够快速便捷的交换环境数据，有力提升了数据共享程度；环保事实数据库（Envirofacts）是数据整合和发布的中心，集中整合了气、水、土壤、固废、有毒物质、辐射等各类数据，并开放给公众查询。[①]

此外，国际上已建立多套全球性和国家/区域性的生态环境监测网络，提供包括环境和生态变量的长期多维观测数据。英国自然环境研究理事会（NERC）建立了环境数据创新中心。亚洲地区，2014年新加坡政府提出了"智慧国家平台"（Smart Nation Platform），这是全球第一个全国范围性质的智慧蓝图。在大数据技术的支持下，新加坡联合其他受影响的国家开发了东南亚国家区域烟霾预警系统（AHMS），为防治重污染天气提供即时的政策建议。国外的环境大数据研究还在继续深入，如Suthan Suthersan等人研究了大数据在环境修复中的应用，Ali Reza Honarvar等人基于多个城市数据源开发了颗粒物质预测模型。国外的环境大数据建设和应用成功案例为我国生态环境大数据建设打开了思路，值

---

① http：//www.databanker.cn/research/75253.html.

得我们借鉴。①

第三节 生态环境大数据的重要意义

一、生态环境大数据助推治理能力现代化

党的十九届五中全会对推进国家治理体系和治理能力现代化提出明确要求。优化政府治理、建设人民满意的服务型政府，是推进国家治理体系和治理能力现代化的重要内容。围绕服务型政府建设，生态环境大数据在环境治理体系中可发挥不可或缺的巨大作用。

一方面，生态环境大数据可强化环保部门的环境数据收集、处理能力，提升信息化水平，提高工作效率。环境数据种类繁杂、来源不一、载体多样，环境数据信息储存、开发、利用零散化，数据流动性不强、使用率低。通过生态环境大数据建设，打破了数据交流壁垒，打通了数据共享渠道，强化了部门协同合作。各部门可以及时分析数据，沟通制定解决方案，提高了环境问题的处理效率，提升了环保部门办事效率。

另一方面，生态环境大数据可快速、准确获取公众关切的热点环境问题，通过"互联网+"和新媒体，及时公布热点环境问题处理结果，公众全面参与环境监管工作中，成为环境治理成效监管成员。如通过手机 App 和数据中心相连，当居民发现有破坏环境污染的行为时可以第一时间进行举报。通过线上环境监督体系，改变了过去只由政府发布数据，公众接收的模式，转为公众与政府共同参与，促使环境监督与公众参与实现无缝对接。政府部门也可以通过分析这些数据，实现督政、督纪。例如江苏"环保脸谱"管理系统以生态环境大数据为基础，集成生态环境治理各项改革制度、措施、成果，通过建立科学评估体系，最终以"脸谱"的方式直观展现地方政府和企业履行生态环境保护责任情况。

此外，企业可利用大数据，监测、分析和控制自身的污染排放，采取相关环保措施实现相应的排放要求，同时可将自身企业排放数据提交给政府部门，为政府的环境治理和政策制定提供支撑。

---

① https://www.sohu.com/a/375495340_99944942.

二、生态环境大数据提升管理决策科学化

生态环境大数据收集、整合了大量数据，基于多元数据同化、多尺度数据耦合、时空分配和化学物种分配等技术，实现对多种环境因素的综合分析，统筹规划管理方案，制定管理措施。

例如，在水、气、土污染防治攻坚战方面，环境污染的过程复杂，涉及污染物排放、污染物在环境中的传输、环境对污染物的降解等，其中包含了物理、化学、物理化学的反应。产生污染的原因很多，比如企业排污、农业面源污染、机动车尾气等。污染因素很多，各个因素之间发生相互作用，共同引起环境质量改变。依靠传统的手段很难"治根"，运用大数据技术，可以通过分析不同污染过程中污染物的演变规律，及时准确发现各种污染成因，了解主要污染物的"前世今生"，全面掌握污染物的变化规律和传输过程，制定相应的污染防治措施。

在空气质量预报预警方面，高精度空气质量预报系统可基于大量的环境空气质量自动监测数据、污染源排放数据、气象数据等，基于数学模型，预测空气质量变化情况，及时进行预报预警。基于大数据技术建立的数据模型是关键，优化空气质量预报模型，有两种核心技术。一是预报模型自适应参数优化技术：通过分析长期数值预报模型的预报结果，其与气象测量的历史真实数据之间的关系，寻找数值模型预报偏差的统计特征，从而自适应对模型参数进行优化，改进预报结果的准确性。二是多模型集合预报技术：通过将两个相互独立的预测结果进行组合，其预测均方根误差可以小于单个预测的均方根误差。大数据技术可结合两种方法，提供最优集合预报结果，提高数值预报准确性。

在环境应急保障方面，例如奥运会保障、世博会保障、"APEC蓝"等重大事件保障，政府部门采取了大量的控制措施，如企业限产、机动车限流等，但这些措施只是暂时的，不能长久执行。现在大数据技术能结合气象、交通等数据，通过认知计算整合优化各类物理、化学、气象、交通、社交等模型，再通过大数据的方式进行交叉印证，使模型、数据和专家经验以自动训练、自我学习的方式不断积累，从而分析出有效性和可行性较高的防控方案，提供更精细化、更能治根问题的措施，减少对经济社会的影响。我们可以溯源了解各区域、各行业、各企业的污染贡献率，结合未来气象、交通等模型针对不同区域、不同行业、不同企业制定不同的控制措施，精准防控重污染。

三、生态环境大数据推进监管能力智慧化

生态环境监管能力的发展大概可以分为四个阶段。第一阶段"污染靠眼看，臭味靠鼻闻"，污染严重与否、治理效果如何全靠人的主观判断；第二阶段"烧杯试管"手工监测，进入这阶段，我国有了基本的环境质量监测能力，能用数据反映环境污染程度、环境质量状况，但这时候的监测仍是人工方式，监测频次、指标有限，不能及时、全面反映出环境质量状况；第三阶段监控网络全面部署，"千里眼"坐云观山，"顺风耳"听风辨雨，全国大范围开展环境监测、污染源监控能力建设，实现了对环境质量和企业污染物排放的实时、动态监控，根据监测数据，及时制定管控措施，但措施是否能全面根治问题，仍需要根据治理完成后的效果来判断，不能提前预测，调整方案；第四阶段"数据跑路""一企一策、精准对接"，根据数据分析预测环境问题变化趋势，精准制定防治措施。目前，大数据通过整合分析环境质量自动监测、手工监测、污染源自动监控、排污许可、环境执法、遥感监测等各类型、各业务的数据，基于数据挖掘、机器学习、时间序列分析等技术，实现对环境因素变化情况的预测分析，对环境污染主凶精确定位和精准治理，使环境监管实现从"粗放型"向"精细化"迭代升级，环境问题更高效、快速治理。

例如，四川省崇州市上线了大气"数智环境"监管平台，基于物联网构建了高密度监测网络，建设了遍布全市的空气质量微子站，以镇（街道）、工业园区、重点企业等为梯队布局数据收集系统，实时发布各镇（街道）、工业园区、重点企业、人口密集区等点位的空气质量，将片区空气质量及污染来源"定位"至方圆一公里的范围内。排放合规的企业则被纳入"白名单"，开启"免打扰"模式。平台结合风力、降水等数据和未来气象变化趋势，对未来一段时间的空气质量变化做出预测。崇州还把全市 2900 余家生产场所的类型、规模、生产工艺、可能产生的污染物等信息全部录入系统，并与综合执法等部门建立了数据共享机制，建立数据模型，提供具有科学依据的工作建议。

浙江省杭州市推出"环保码"，通过企业统一社会信用代码建立企业环境健康电子账户，实时采集高频动态更新的在线监控、电力监控、信访投诉、应急管理、行政处罚、排污许可证、环境信用评价等业务数据，并以数据驱动，进行智能协同分析、综合研判，生成的"红、黄、绿"三色二维码，动态反映企业环境管理水平和企业环境安全风险状况。绿码企业将被列入"正面清单"，监管部门"无事不扰"。黄码企业要抓紧按照问题清单整改，整改完成自动恢复绿

码；红码企业环境问题比较严重，将被列为重点管控对象，提高抽查比例，直至问题整改完成，恢复绿码。"环保码"可向企业输出问题清单，实时提醒、主动服务，引导企业主动整改、自律守法；向监管部门输出分级监管清单，提供排放不正常线索，实现精准执法、合理调度。

第四节　我国生态环境大数据发展面临的挑战

一、生态环境大数据发展面临的形势

（一）生态环境保护工作对大数据建设提出更高要求

党中央、国务院高度重视大数据在推进生态文明建设中的地位和作用。国务院《促进大数据发展行动纲要》等文件要求推动政府信息系统和公共数据互联共享，促进大数据在各行业创新应用；运用现代信息技术加强政府公共服务和市场监管，推动简政放权和政府职能转变；构建"互联网+"绿色生态，实现生态环境数据互联互通和开放共享。我们需要贯彻落实国家大数据战略，利用大数据前瞻性和有效性的信息化手段和工具整合各类资源，探索生态环境各要素、生态环境各业务板块和外在资源等的内在联系和耦合性，挖掘资源价值，为生态环境管理提供科学、有效的数据支撑。

（二）生态环境监管模式创新促进数据决策能力升级

我国"十四五"生态环境保护规划，树立了到2035年，广泛形成绿色生产生活方式、碳排放达峰后稳中有降、生态环境根本好转、美丽中国建设目标基本实现的大目标，这要求各级环保部门继续深入打好污染防治攻坚战，突出精准、科学、依法治污，解决群众身边突出生态环境问题。生态环境大数据需要进一步推动环境数据资源整合汇聚、加快环境数据开放共享，全面、精确、及时掌握大气、水环境现状、动态变化、发展趋势以及相互影响，综合评价环境保护措施的实施效果，形成精细化服务感知、精准化风险识别、网络化行动协作的智慧环保治理能力体系，提高生态环境治理体系和治理能力现代化水平。

（三）大数据成为生态文明建设全面提升的关键引擎

党中央、国务院高度重视生态文明建设，先后出台了一系列重大决策部署，推动生态文明建设取得了重大进展和积极成效。当前，我国生态文明建设正处于压力叠加、负重前行的关键期，生态环境大数据在推进生态文明建设中发挥着重要作用。大数据为生态评估提供科学精准支撑，有助于政府在生态文明建设中，掌握事物发展的规律性，明确生态治理的方式，实现精细管理、精准治理。大数据使人们更便捷的获取环境信息，依法保护自身环境权益，积极参与环境监管和绿色共建，唤醒了人们的生态环保意识，推动实现人与自然和谐相处。

（四）"互联网+政务"推进生态环境公共服务不断完善

"互联网+政务服务"充分运用信息化手段解决企业和群众反映强烈的办事难、办事慢、办事繁的问题。大数据可以推进创新政府服务理念和服务方式，实现"让数据多跑路，用数据服务"，支撑环保政务服务"一网通办"和企业群众办事"只进一扇门""最多跑一次"，建立公平普惠、便捷高效的生态环境公共服务体系，不断完善和发挥生态环境数据资源对人民群众生产、生活和经济社会活动的服务作用。

二、生态环境大数据亟需解决的问题

（一）数据整合共享亟需加强

近些年，为满足环境监管的需求，全国各地先后建立起了多个环保业务系统，例如办公自动化系统、环境质量管理系统、污染源自动监控系统、建设项目管理系统、卫星遥感应用系统等。这些业务系统优化了环保业务管理流程，提高了工作效率。但同时也引出"应用孤岛"和"数据孤岛"等问题。业务系统缺乏统一的业务协同管理模式和机制，缺乏整体规划和顶层设计，缺乏部门内部、跨部门、跨区域业务协同联动的工作流程、信息交换和共享流程；数据不能在一起，不能形成大数据。数据共享成为生态环境大数据建设的主要制约因素。究其原因，一方面，人们主观上不想、不愿共享，比如地方环保部门不愿向上级共享数据，同级部门之间不愿共享数据，担心数据共享后会对本部门的利益造成影响。另一方面，数据共享的管理机制不健全，怎么共享、共享哪些数据、数据形式怎样、数据权限怎么划分、数据安全性怎么保障等等这些问题没有统一规划和管理。生态环境数据还涉及到气象、农业、水利、自然资源等部门，跨部门共享更难实现。

（二）数据应用存在困境

尽管大数据在环境监测、环境执法、污染防治、生态监管等领域已有一些应用案例，但生态环境大数据的创新性应用还很少，创新活力不足，创新环境缺乏，创新主体不明确，创新动力不够，大数据的威力还远远未能发挥出来，政府运用生态环境大数据的能力还很初级，没有形成成熟的生态环境大数据产业。面对"十四五"生态环境工作紧迫性和重要性，生态环境管理工作的系统化、科学化、法制化、精细化仍需加强，大数据在环境管理精准定位、污染源治理、公众深度参与等方面还需加油发力。

（三）资金人才难以满足

生态环境大数据在全国的发展存在参差不齐的状态，普遍来看，经济发达省份生态环境大数据应用水平较高，这与大数据项目特征有关系。大数据是一项新事物，生态环境大数据建设需收集、传输、分析数据，提供数据服务，开展产品研发，这都需要资金投入。此外，各部门对大数据的认识和理解程度不一致，专职信息化人员少，复合型人才更缺乏，主动运用大数据分析手段提升业务水平的能力有限，环境服务的信息化、智慧化、便捷化、精细化程度较低，需要进一步加强生态环境大数据人才培养，提高专业技术能力和综合分析能力。

| 第三章 |

大数据采集、预处理及存储技术

第一节　大数据采集技术

随着计算机网络和相关信息技术的不断发展，人类产生的数据量以指数形式不断增长，数据的形式更加丰富，为了挖掘这些数据背后的价值，需要对这些数据进行采集。

一、采集的概念

数据采集又称数据获取（DAQ），是指从传感器和其他待测设备等模拟和数字被测单元中自动采集信息的过程。目前，数据采集可根据其数据采集量大小分为传统数据采集和大数据采集。传统数据采集采样的来源较为单一，且存储、管理和分析数据量也相对较小；而大数据采集采样的来源较为广泛，且存储、管理和分析数据量也较传统数据采集更为复杂。

（一）大数据采集系统概述

大数据采集系统是基于计算机的测量软硬件产品来实现灵活的、用户自定义的测量系统。大数据采集系统包含以下几个部分：传感器、采集器、采集程序、数据库服务器、Web 服务器、告警系统和客户终端。该系统示意图如图 3.1 所示（见下页）。

数据采集系统将采集的传感器和其他待测设备的模拟信号输出转换为计算机可以识别的数字信号，然后将信号引入计算机进行相应计算，以获得必要的数据。通过数据采集系统的精度和速度来评判其性能的好坏，因此数据采集系统需要同时考虑精度和采样速度，以此来满足实时采集等要求。

数据采集系统分为设备类采集和网络类采集。设备类采集依赖于硬件设备，即生态环境中部署的硬件设备。通过硬件设备获取原始数据，以便后续的处理、

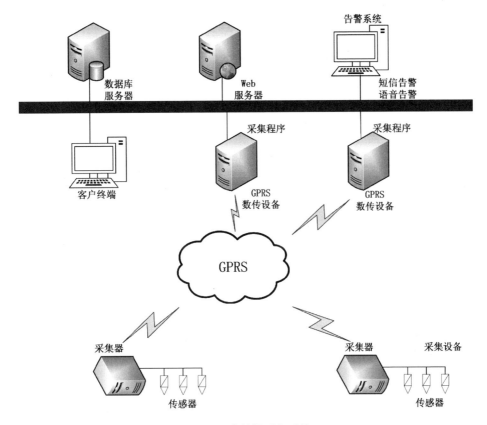

图3.1　大数据采集系统

分析、监控、预警。网络类采集用于收集网络中的传输数据，涉及分布式爬虫、日志收集、多数据库连接等技术。通过上述手段获取更全面的数据，以便后续构建数据管理平台，进而挖掘出更多的价值。

（二）数据来源

根据数据的来源不同，大数据可主要分为：商业数据、互联网数据、传感器数据和人员录入数据。

生态环境大数据数据资源中心的数据主要包括分析、决策所需的各种数据，数据的主要来源有三类：（1）环境管理部门产生的环境管理数据；（2）水利厅等相关政府部门产生的环境相关数据；（3）互联网和社会化获取的信息资源。

（三）数据类型

目前在大数据领域主要分为三种数据形式，分别为结构化数据、半结构化数据和非结构化数据。

1. 结构化数据

结构化数据是指可以使用关系型数据库表示和存储，表现为二维形式的数据。结构化数据的一般特点是数据以行（列）为单位，一行（列）数据表示一个实体的信息，每一行（列）数据的属性是相同的。这类数据的存储和排列是很有规律的，这对查询和修改等操作帮助较大，但是存在扩展性差的特点。

表 3.1　环保检测二维数据表

测点名称	检测时间	PH 值	浊度（NTU）	溶解氧（mg/L）	水温（℃）	电导率（us/cm）	高猛酸盐指数（mg/L）
德岭山分干沟入总排干沟口	2020/7/21 12：00	7.52	30.82	5.21	24.2	1026.31	1.379
德岭山分干沟入总排干沟口	2020/7/21 16：00	7.53	26.84	8.77	27.1	1019.7	1.346
德岭山分干沟入总排干沟口	2020/7/21 20：00	7.68	45.34	10.23	25.8	1014.34	2.537
德岭山分干沟入总排干沟口	2020/7/22 0：00	7.64	25.69	4.66	24.3	1007.71	3.292

数据特点：关系模型数据、关系数据库表示。

数据采集：DB 导出、SQL 数据库等方式。

常见形式：Excel、MySQL、Oracle 等。

应用方面：数据挖掘、数据预测等

2. 半结构化数据

半结构化数据是结构化数据的一种，它并不符合关系型数据库或其他用数据表的形式关联起来的数据模型，其通过相关标记用来分割语义元素以及对记录和字段进行分层。因此，半结构化数据也叫自描述结构。半结构化数据同一实体可以有多种类型，但这些属性的次序并不是很重要的，即便它们要被组合到一块。

"loss": [0.7263419032096863, 0.6951197385787964, 0.6813385486602783, 0.6869711875915527, 0.553567111492157, 0.6905316114425659, 0.6631180047988892, 0.5445617437362671, 0.7134249806404114, 0.551256000995636, 0.6831958889961243, 0.6896591186523438,],
"cost": [59.0, 15.0, 49.0, 52.0, 11.0, 6.0, 3.0, 26.0, 6.0, 40.0, 76.0, 41.0, 47.0, 42.0, 49.0, 64.0, 1.0, 3.0, 28.0, 63.0, 67.0, 67.0, 11.0, 26.0, 30.0, 4.0],
"seq_lengths": [14, 4, 13, 12, 3, 15, 6, 18, 14, 5, 8, 8, 12, 16, 7, 12, 8, 15, 6, 2, 16, 5, 15, 15, 18, 1, 2, 9, 14, 18, 19, 4, 7, 10, 2, 5, 6, 19, 13, 13]}

图 3.2　JSON 格式文件数据（半结构化数据）

数据特点：非关系模型数据，有一定的格式。

常见格式：Email、HTML、XML、JSON 格式等。

数据采集：网络爬虫、数据解析等。

应用方面：新闻网站、邮件系统等。

3. 非结构化数据

非结构化数据没有固定的结构形式去表示，常见的文档、语音、图像、视频等都是非结构化数据。对于这种类型的数据我们可以进行整体的存储操作，一般情况下我们将其以二进制的数据格式进行存储。

数据特点：没有固定格式的数据。

常见格式：Word、PDF、图片、语音等。

数据采集：网络爬虫、数据存档等。

应用方面：文本分析、图像处理等。

二、采集方法及工具

（一）采集方法

（1）系统日志采集方法：采用数据采集工具进行系统日志采集，如 Hadoop 的 Chukwa、Cloudera 的 Flume、Facebook 的 Scribe 等等，这些工具采用分布式架构，能够满足每秒数百 MB 的日志数据采集和传输需求。

（2）网络数据采集方法：采用网络爬虫或者网站公开 API 等方式从网站上获取数据信息，这种方法可以从网页中提取图像等非结构化数据，并将这些数据以结构化形式存储到本地文件中。这种数据采集方法可以采集图像、语音等非结构化数据，同时，对于网络流量可以使用 DPI 或者它支持图片、音频、视频等文件或者附件的采集。除了网络中包含的内容以外，对于网络流量的采集可以使用深度报文检测或深度/动态流检测等技术进行处理。

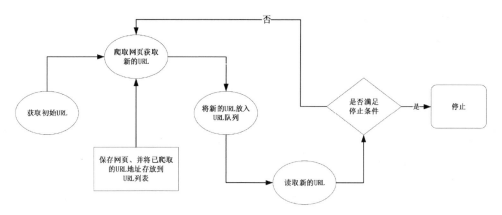

图 3.3 通用网络爬虫工作过程图

（3）其他数据采集方法：对数据安全性和保密性高的企业和政府机关会与相应企业或研究机构合作，使用特定的系统接口等方式采集数据。

（二）采集工具

（1）Apache Flume：Flume 是 Apache 旗下的一款开源、分布式、高可靠、高扩展、容易管理、支持客户扩展的数据采集系统，其使用 JRuby 构建，因此在运行时需要 Java 语言的运行环境。该架构将数据从产生、传输、处理并最终写入目标的路径的过程抽象为数据流。在具体的数据流中，数据源支持在 Flume 中定制数据发送方，从而支持收集各种不同协议数据。同时，Flume 数据流提供对数据进行简单处理的能力，如过滤、格式转换等。此外，Flume 还具有能够将数据写往各种数据目标的能力，其架构如下图 3.4 所示：

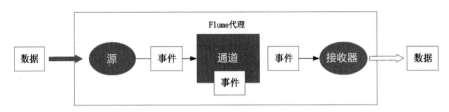

图 3.4　Flume 架构

Flume 通过不同的实现类对接相应的源（Source），包含 Avro、Thrift、Exec、Spooling Directory、Kafka、Netcat、Syslog 及 HTTP 等常用的技术，支持自定义源，体现出强大的采集能力。涉猎文件夹、命令、Web 服务器监听、实时数据获取等方面。Flume 通过不同的实现类对接相应的目标（Sink），包含 HDFS、Hive、Logger、Avro、Thrift、HBase、ElasticSearch、Kafka 等常用技术，支持自定义目标，为数据传输带来便利。涉及多个大数据组件。Flume 的通道（Channel）支持多种方式，如 Memory（内存）、JDBC、Kafka、File，虽然种类不如另外两种多，但也支持自定义形式。

Flume 的使用非常简便，根据不同的应用场景进行文件配置即可。如生态数据采集、传输、存储。图 3.5（见下页）配置文件的作用为监控/app/flumetest 目录，当新增文件时，将数据暂存内存，最终存储于 HDFS 并以天为单位划分数据。适用于固定产生文件并发送至某文件夹的场景，但该配置方案存在一定风险，即机器断电时，仍在内存中的数据会丢失。

（2）Fluentd：Fluentd 是一款开源的数据收集框架，Fluentd 主要由 Input 输入、Buffer 缓冲、Output 输出三大部分组成。这三大部分都是以插件的形式存在，其采用 C/Ruby 进行开发，使用 JSON 形式文件来保存日志数据，支持各种

```
a1.sources=source1
a1.channels=c1
a1.sinks=sink1
a1.sources.source1.type=spooldir
a1.sources.source1.channels=c1
a1.sources.source1.spoolDir=/app/flumetest
a1.channels.c1.type=memory
a1.sinks.sink1.type=hdfs
a1.sinks.sink1.channel=c1
a1.sinks.sink1.hdfs.path=hdfs://hdp4:9000/flume/%y-%m-%d
a1.sinks.sink1.hdfs.useLocalTimeStamp=true
a1.sinks.sink1.hdfs.fileType=DataStream
```

图 3.5 监控/app/flumetest 目录

不同种类和格式的数据源和数据输出，同时也具有高可靠性和强扩展性。应用中，Fluentd 负责从服务器收集日志信息，将数据流交给后续数据存盘、查询工具。其架构如下图 3.6 所示：

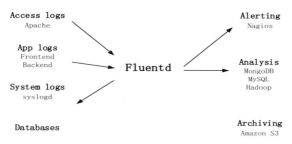

图 3.6 Fluentd 架构

（3）Scribe：Scribe 是一个分布式日志系统，该系统可以从不同类型的日志源上收集日志信息，并将这些信息存储到中央存储系统中，方便对这些采集到的数据进行统计分析。该系统包含 Scribe Agent、Scribe 和存储系统三部分构成，系统架构如图 3.7（见下页）所示：

Scribe 接收 Scribe Agent 传送来的数据，并将这些数据存放到 Message queue 中，然后根据配置文件，Scribe 将接收到的数据中的 Category 数据存放到不同目录中并 push 给后端不同的存储对象。

（4）Splunk Forwarder：Splunk 是分布式的机器数据平台，使用该平台可以收集、索引和分析所有软件、服务器和应用设备上生成的实时数据（主要是日志数据）并完成所谓的智能化运营。其中：Search Head 负责搜索和处理数据，

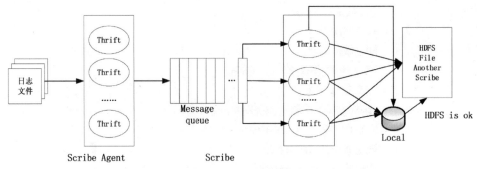

图 3.7　Scribe 架构

为搜索操作时提供信息抽取；Indexer 负责存储和索引数据；Forwarder 负责收集、清洗、变形数据，并发送给 Indexer。

（5）Kafka：Kafka 是一个分布式的消息队列，该队列可以在不同系统之间进行数据传送操作。该系统在多个部门之间的数据交换都是交换双方之间独自建设的交换通道。随着交换部门的增多，每个部门都要建设和维护的交换通道也开始增多，多条交换通道交叉互联，最后形成一个很难维护的交换数据网络，从而造成数据交换模式难以满足大数据交换和共享需求。该系统具有多优化机制，相对于其他系统更适合不同结构的集群。Kafka 架构如下图 3.8 所示：

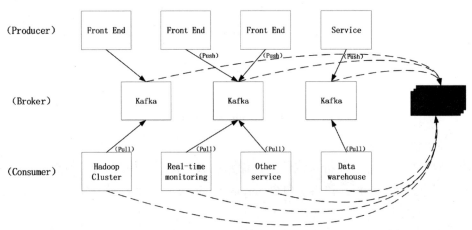

图 3.8　Kafka 架构

Kafka 分为生产者（Producer）、消费者（Consumer）、Kafka 节点（Broker）三种角色。其中 Producer 负责生成数据，Consumer 负责读取数据，Broker 是两者的桥梁，Producer 产生的数据发送给 Broker，Consumer 消费 Broker 中的数据。通常 Producer、Consumer 都会和另一个服务相连，自身作为数据流通的管道，Consumer 为 Hadoop 集群时，可用于存储、分析历史数据；为实时监控时，可用于实时拉取、处理、分析数据；为 SparkStreaming 时，可用于处理、分析近实时数据；为数据仓库时，根据不同主题存储、处理、分析历史数据。不同用途的数据通过 Broker 中的主题（topic）隔离，除此之外，Kafka 还需借助 Zookeeper 存储元数据，保证其集群的高可用。

（6）Kafka 通过命令行的方式即可使用生产者和消费者，是熟悉 Linux 命令人员的福利，针对同样主题的数据，topic 参数指定的值必须一致。

Kafka 提供 API 供使用人员根据自身业务场景编写代码，从而打造适合业务场景的生产者、消费者。

第二节　大数据预处理技术

数据预处理是数据挖掘中十分重要的一个步骤，也是进行数据挖掘操作前所必须的一个准备工作。数据预处理过程在保证挖掘数据的正确性和有效性的同时通过对挖掘数据的内容、格式等进行调整，使该数据更加符合挖掘的需求。因此，需要在数据挖掘前及逆行数据预处理操作，达到改进数据的质量，提高数据挖掘过程的准确率和效率的目的。

一、概念

数据预处理是指进行数据挖掘前，对原始数据进行清理、集成、变换和规约等相关工作，以满足进行数据挖掘的最低要求和最低标准。数据预处理的主要流程包括数据清理、数据集成、数据变换与数据规约。该操作的流程如图 3.9 所示：

其中，数据清理可以将数据中的噪声进行清除操作，并纠正数据中的不同；数据集成可以将不同来源的数据进行组合统一存储；数据变换可以根据数据尺度不同

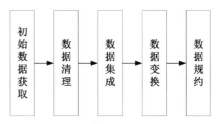

图 3.9　数据预处理流程

进行相应的压缩操作，以此来提高数据挖掘算法的准确率和降低其时间复杂性；数据规约是指通过聚类、去除冗余特征等方式来降低数据的维度。

二、预处理方法

（一）数据清理

数据清理是进行数据预处理的第一步，通过填补缺失值数据、删除离群点等

数据清理方法来纠正数据中存有的不一致性。生态环境数据清理的原理如图 3.10 所示：

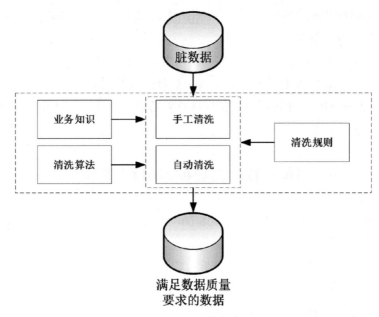

图 3.10　生态环境数据清理原理

1. 缺失值处理

目前，常用的缺失值处理方法如下所示：

（1）忽略元组：当缺少类标号时采用此方法。采用该方法后，用户将不能使用该元组剩余属性值，因此可能会影响后续的数据挖掘任务；

（2）人工填写缺失值：用户人工去填写空缺的数据。当数据集很大时或者存在很多缺失值时，此方法不具有实际的可行性；

（3）使用一个全局常量填补缺失值：使用一个常数（如"0"或"unknown"）来替换掉缺失的属性值，当使用同一个属性值对大量缺失值进行填补时，会对最终结论造成偏差，因此该方法可靠性差；

（4）使用均值或中位数等进行缺失值填补：根据数据分布的特点，选择对应合适的数据及逆向填充；

（5）使用与给定元组属同一类的所有样本的属性均值或中位数；

（6）使用最有可能的值填充缺失值：可以通过机器学习等方法来进行缺失值的填充，例如回归、贝叶斯形式化、决策树归纳等方法来进行缺失值的填补。该方法也是最常用的策略方法。

2. 光滑噪声数据

噪声是被测量的变量的随机误差和方差。利用数据盒图、散点图或者其他相关的数据可视化技术等来识别潜在的噪声。常用的去除噪声的方法有：

（1）分箱：通过对周围数据进行分析来去除有序数据值（该方法只能进行局部光滑）。

（2）回归：通过函数拟合数据来光滑数据。通过拟合两个（或多个）属性的最优直线（曲线），使用一个（或多个）属性来预测另外一个属性，使用这种方法来消除噪声现象。

（3）离群点分析：可以使用聚类等方法检查。聚类是将数据中一定属性相似的值组织到一起，称为群或者"簇"，那么群之外的数据就称为孤立点。除利用算法外，还可以通过散点图、箱线图等可视化图表的方式查找离群点。

图 3.11　孤立值（蓝色：原始数据；绿色：正常数据；红色：离群值）

3. 纠正不一致数据

由于设计不完善的表单输入、人为的数据输入错误、有意的输入错误以及已经失效的数据等原因，导致所记录的数据可能存在一定的偏差。因此需进行偏差的检测和偏差的纠正。

（1）检测偏差：根据数据类型等已知的数据性值来发现噪声、孤立点和需要考虑的特殊值；

（2）纠正偏差：当检测出偏差后，需进行一系列的变化来纠正。数据的检查和纠正是不断迭代进行的。

4. 数据清洗流程

数据清洗需先定义和确定错误的类型而后搜寻并识别错误，最后纠正所发现的错误。数据清洗的具体流程如图 3.12 所示：

（1）定义和确定错误的类型：通过数据分析来检查数据中的错误或不一致，从而确定数据集中所存在有

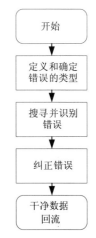

图 3.12　数据清洗流程

的问题，并根据分析结果来定义清洗转换规则和工作流。对于文本类型的数据，最基本的操作包含去除不必要的标点符号、修正编码方式、转换大小写、切分单词、过滤无意义词语。针对日期数据，最基本的操作包含按照年月日拆分、组合字段，从而为后续不同粒度的数据分析奠定基础；

（2）搜寻并识别错误：通过使用统计方法、聚类方法、关联规则方法等来检测数据集中的属性错误，并采用基于字段匹配算法、递归的字段匹配算法、Cosine 相似度函数等检测重复记录的算法来进行同一实体的匹配过程；

（3）纠正错误：根据所谓的"脏数据"存在形式的不同，通过一些转换步骤来解决模式及实例层存在的数据质量问题。将单个的数据源和其他形式的数据源合并需要进行属性分离、确认和标准化三步；

（4）干净数据回流：数据清洗之后，使用干净的数据进行数据替换，以此提高数据质量，避免再次抽取数据后进行重复的清洗操作。

（二）数据集成

数据挖掘需要将多源数据进行合并，好的集成方法可以减少结果数据集中的数据冗余和降低数据集中的不一致性，这提高了后期数据挖掘的准确率和速度。

1. 模式识别和对象匹配

在集成数据时，当两个不同数据库属性进行匹配时，特别需要注意其数据的结构，以此来保证在系统中出现的函数依赖问题及参数规约匹配问题。

2. 冗余和相关性分析

若一个或多个属性可以得出另外一个属性，那么这个属性就是冗余的。属性间是否冗余，可以通过相关性分析进行得出。对于标称数据，可以使用 x^2 检验来检测属性之间的相关性；对于数值数据，可以使用相关系数或协方差等方法来评估属性间的关联度。

3. 元组重复

属性间除了具有的冗余特性外，元组也可能存在重复。

4. 数据值冲突的检测和处理

数据集成时，因为对不同数据源的描述方法、度量方式以及编码的差异，数据中可能存在些许的冲突。

（三）数据变换

数据交换是将数据变换或统一成最适合数据挖掘的形式，数据变换常用策略包括：光滑数据、属性特征构造、数据聚集、数据离散化、数据规范化及数据泛化六种。

1. 光滑数据：删除数据中的噪声，具体方式详见（二）；

2. 属性特征构造：可以由给出的属性构造新的属性并添加到属性集中，来帮助数据的挖掘的过程；

3. 数据聚集：对数据进行聚集和汇总；

4. 数据离散化：将原始数值属性采用区间标签或者概念标签进行更换，例如：考试成绩分数采用 ABCD 等级进行表示。采用分箱离散化、直方图分析离散化、聚类、决策树等分析离散化等；

5. 数据规范化：将属性值按照一定的比例进行缩小操作，使其落入到规定的小的区间内。如最大-最小规范化、0-mean 规范化等；

6. 数据泛化：使用高层属性或概念来替换低层次数据或者原始给定数据。

（四）数据规约

数据规约是在最大程度保持原始数据特点的情况下，最大的减少数据量。

常见的数据规约策略主要包含以下三种，分别是：

1. 维规约：减少所考虑的随机变量或属性的个数，将原始数据变换或投影到更小的空间上，常采用主成分分析（PCA）和小波变换等方法。

（1）小波变换：一种线性信号处理技术，可用于将向量数据 Y 变换成数值不等的小波系数 Y'。小波变换可用于多维数据，同时也可用于时序数据分析、数据清理、计算机视觉等方面。

（2）主成分分析法：一种数学变换方法，其将给定的几个相关特征向量通过线性变换后转换成另外几个不相关的特征向量。主成分分析法可用于分析有序和无序的属性或特征上，且更适用于处理稀疏矩阵或倾斜数据，多用于二维数据的变换。

2. 数量规约：将原始的数据集采用较小的形式进行替代。常用的参数方法有回归和对数-线性模型，非参数的有聚类、直方图、数据抽样等方法。

（1）在线性回归中，通过数据建模将其拟合到一条直线上（多元回归是线性回归的扩展，将多个变量拟合成一条曲线）；而对数线性模型近似离散的多维概率分布。回归和对数线性模型都可以用于稀疏数据，回归比对数线性模型更适合处理倾斜数据。

（2）聚类方法可以将数据元组比作数据对象，将这些对象划分成群或者簇，使得簇内数据的相似性很高，而簇之间数据的相似性很低。常见的聚类算法有基于划分的方法、基于层次的方法、基于密度的算法和基于网格或模型的算法，其中，k-means 是一个常用的聚类算法，即将数据以初始的聚类中心为基础通过不断迭代分为 K 组。

（3）抽样技术可以使用更小的随机样本（即数据子集）来表示大型数据集，常用的抽样方法有：有放回简单随机抽样、无放回简单随机抽样、簇抽样等等。相对于其他数据规约方法，抽样技术的时间复杂度和空间复杂度更低，且采用抽样技术进行数据归约时，可以在指定的误差范围内估计一个给定的函数所需样本大小。

3. 数据压缩：通过数据变化来得到原始数据的压缩表示。压缩数据可分为无损规约和有损规约，其中无损规约为原数据能够从压缩后的数据中重构而不损失信息，而有损规约为进行数据压缩后只能近似重构原数据。

第三节　大数据存储技术

存储是将数据以合理、安全、有效的方式存储在特定介质上，以确保有效访问，具体取决于各种应用环境，主要包含两个方面：一方面，它是一种物理介质，数据临时或长期驻留在其中；另一方面，它是保证数据完整和安全存储的方式或行为。

一、概念

（一）概念

大数据是指具有数据量大、查询分析复杂等特点的数据采集、传输、分析、应用等的综合性概念。具有四个特点：1. 数据总量大；2. 数据种类多；3. 数据来源广泛真实；4. 处理分析速度快。

大数据时代必须解决大量数据的高效存储问题，传统意义上的存储技术和方法已经不能满足大数据存储的要求。为应对大数据应用所带来的数据量的爆炸性增长，相关存储技术的研究也在积极展开，从而直接推动了存储、网络以及计算技术的发展。大数据分析应用及需求正在影响着数据存储结构的发展。

（二）方法

目前大数据存储解决方案主要以分布式存储为主，包括 Hadoop 分布式存储系统、NoSQL 数据库和云数据库等。

1. 分布式存储系统

分布式系统包含多个自主的处理单元，通过网络互联来共同完成分配的任务，分而治之的策略能够更好地处理大规模数据分析问题。主要分为以下四种：

（1）分布式文件系统：存储管理需要多种技术的协同工作，其中文件系统为其提供最底层存储能力的支持。分布式文件系统 HDFS 是一个高度容错性系统，被设计成适用于批量处理，用于存储 Blob 对象、定长块以及大文件，能够提供高吞吐量的数据访问，典型的系统有 Facebook Haystack 和 taobao File System（TFS）。

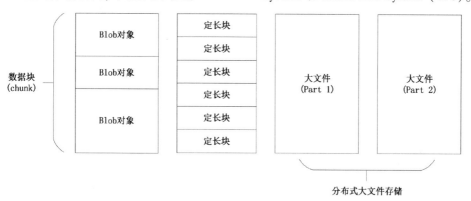

图 3.13　数据库与 Blob 对象、定长块、大文件之间的关系

分布式文件系统在物理结构上是由计算机集群中的多个节点构成的，这些节点分为"主节点"和"从节点"。如图 3.14（见下页）所示。主节点负责文件和目录的创建、删除和重命名等，同时管理着从节点和文件块的映射关系，因此，客户端只有访问名称节点（NameNode）才能找到请求的文件块（Block）所在的位置，进而到相应位置读取所需文件块。从节点负责数据的存储和读取，在存储时，由主节点分配存储位置，然后由客户端把数据直接写入到相应数据节点（DataNode）；在读取时，客户端从主节点获得从节点和文件块的映射关系，然后到相应的位置读取文件块。从节点也要根据主节点的命令创建、删除数据块和数据副本。

分布式文件系统优点：①适用于大数据处理；②可处理结构化、半结构化和非结构化数据，且大多数数据为非结构化数据；③流式访问数据；④运行于廉价的商用机器集群上。

分布式文件系统缺点：①不适合处理延迟低的数据进行访问；②无法高效地存储大批次的小文件；③不支持并发写入和任意的修改。

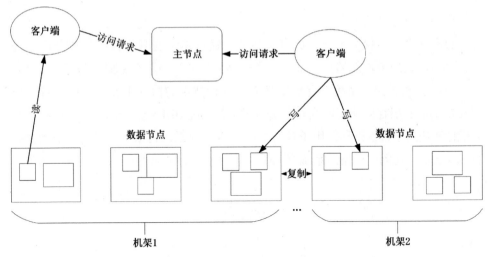

图 3.14　分布式文件系统整体结构

（2）分布式键值系统：适用于存储简单关系的半结构化数据。典型的分布式键值系统有 Amazon Dynamo、Taobao Tair 等，以及获得广泛应用和关注的对象存储技术，也可以视为键值系统，其存储和管理的是对象而不是数据块。

（3）分布式表格系统：用于存储关系较为复杂的半结构化数据，与上一系统相比，分布式表格系统不仅仅支持简单的 CRUD 操作，而且支持扫描某个主键范围。典型的分布式表格系统有 Google Bigtable 以及 Megastore 等。

（4）分布式数据库：一般是从单机关系数据库扩展而来，用于存储结构化数据。分布式数据库采用二维表格组织数据，提供 SQL 关系查询语言，支持多表关联、嵌套子查询等复杂操作，并提供数据库事务以及并发控制，适用于规模较大的数据，且对大表数据的读写访问可以达到实时级别。典型的分布式数据库有 HBase、MongoDB 等。

分布式数据库的读写流程如图 3.15（见下页）所示：

其中：

①分布式数据库客户端首先连接 ZooKeeper 获得元数据表所在的 RegionServer 的信息，然后进行增删改查操作；

②分布式数据库客户端连接到包含对应的元数据表的 Region 当前在的 RegionServer，并获得相应的用户表的 Region 所在的 RegionServer 位置信息；

③分布式服务器客户端连接到对应的用户表 Region 所在的服务器，然后向服务器发送数据操作命令，服务器接受并执行命令以完成此数据操作。

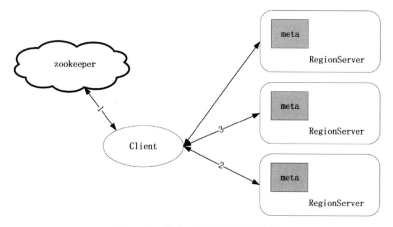

图 3.15　分布式数据库读写流程

HBase 是列式存储的一种分布式数据库。具有动态或者可变的数据模式，无法存储结构化数据；尽管很多列包含大量空值，但该数据库与关系型数据库不同，该数据库仅占用较小的空间；其吞吐量高、写入量大；需支持维护多种类型的数据；具有高可扩展性，可动态扩展整个存储系统。

基于 HBase 可构建生态数据搜索引擎，即根据用户输入的关键词返回包含该关键词的所有页面；可存储监控的生态数据参数及增量数据。

2. 云存储

云存储作为从云计算中扩展的一个新的理念，是指通过集群应用、网格技术或分布式文件系统等功能，通过应用软件将网络中多种不同类型的存储设备汇集在一起，共同对外提供数据存储和业务访问功能的系统。

云数据库与传统数据库的区别：

（1）服务可用性：云数据库将近 100% 是可用的，而自建数据库需要自身去搭建、保障及维护；

（2）数据可靠性：阿里、腾讯等大型互联网公司数据几乎保证是可靠的；

（3）系统安全性：云数据库安全性由其所属公司统一部署，安全性能高，而自建数据库安全保障需要自身去搭建，且因为自身能力等原因与大型公司安全性存在较大差异；

（4）数据库备份：云数据库可以自动进行数据备份，而自建数据库需要自身去备份数据，且需要准备备份数据库。

（5）资源利用率：云数据库采用租赁等方式，进一步扩大了自身的利用情况，而自建数据库在自身数据量少时造成资源利用率低。

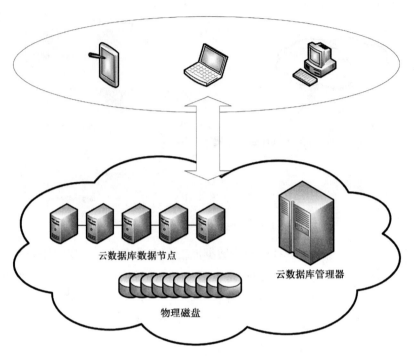

图 3.16　云数据库示意图

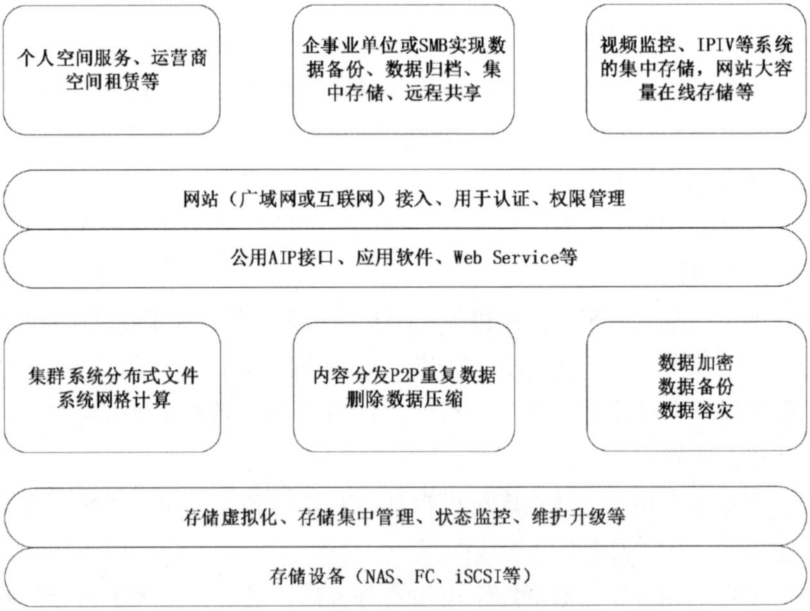

个人空间服务、运营商空间租赁等	企事业单位或SMB实现数据备份、数据归档、集中存储、远程共享	视频监控、IPIV等系统的集中存储，网站大容量在线存储等

网站（广域网或互联网）接入、用于认证、权限管理

公用AIP接口、应用软件、Web Service等

集群系统分布式文件系统网格计算	内容分发P2P重复数据删除数据压缩	数据加密数据备份数据容灾

存储虚拟化、存储集中管理、状态监控、维护升级等

存储设备（NAS、FC、iSCSI等）

图 3.17　云存储系统结构模型

3. Hadoop 技术

Hadoop 是一个适用于大数据的分布式存储、计算平台。该技术具有成本低、效率高、易扩展和稳定性强的特点，支持单机模式、伪分布模式和完全分布式三种安装方式。

Hadoop1.0 由 HDFS 和 MapReduce 组成，HDFS 是 Google File System 的开源代码，MapReduce 是 Google MapReduce 的开源代码。HDFS 具有高容错性、具有多副本同时处理、数据所属集群节点自动存储的特点。

基于 Hadoop 的技术扩展和封装，很多相关的大数据技术都是围绕 Hadoop 衍生出来的，形成一套较为完整的生态系统，用于应对传统关系型数据库较难处理的数据和情况，目前最典型的应用场景就是通过扩展和封装 Hadoop 来实现对互联网大数据存储、分析的支撑。对于非结构、半结构化数据、复杂的 ETL（Extract-Transform-Load）流程、复杂的数据挖掘和计算模型，更适用于采用 Hadoop 平台。

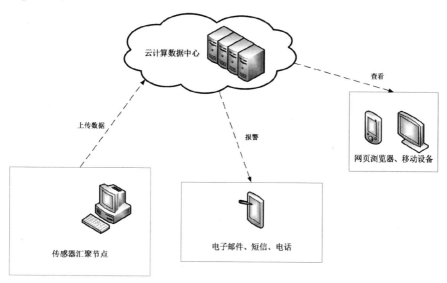

图 3.18　海量数据传感管理系统结构

Hadoop2.0 由 HDFS、Yarn、MapReduce 三部分组成。HDFS 是一种分布式文件系统，在 Hadoop 中进行数据的存储，如多源异构的生态数据融合存储。Yarn 是资源管理器，负责管理、调度集群资源，支持集成多种并行计算框架，如 MapReduce、Spark、Storm 等。Yarn 的引入有效提升集群利用率，即令不同计算引擎任务能够充分利用集群资源，而不存在大量空白的情况。MapReduce 是分布式编程模型，提供 map 和 reduce 两个方法，通过编写相应的业务逻辑，即可用于处理分析大规模历史数据,如生态遥感、气象、土地数据处理,常用生态数据索引构建,能量、生态效益转化率等分析。

二、生态环境大数据的存储与管理

相对于传统数据,大数据的存储难点在于存储规模大、种类和来源多样化、存储管理复杂,对数据服务类型和级别要求较高。为了克服上述问题,实现对生态环境结构化、半结构化、非结构化数据的存储与管理,可以综合利用分布式文件系统、数据仓库、关系型数据库及非关系型数据库等技术。生态环境大数据资源中心数据资源库的结构如图 3.19 所示。

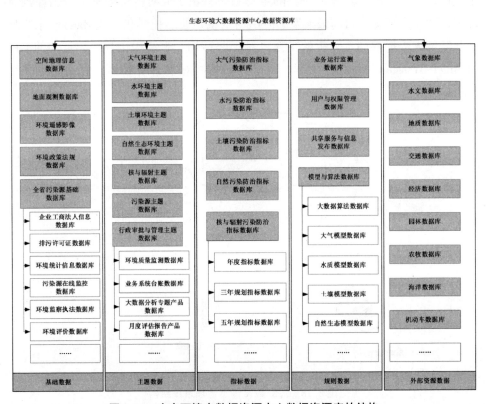

图 3.19　生态环境大数据资源中心数据资源库的结构

| 第四章 |
大数据分析技术

第一节　大数据分析概述

本节主要对大数据分析的概念、基本方法及大数据分析的基本流程进行简要介绍。

一、大数据分析概念

大数据分析是指对规模巨大的数据进行分析。大数据的主要特征可以简单地概括为三方面：数据量大；速度快；类型多。这已经超过了传统系统的存储、分析和处理能力。大数据意味着来自不同方向领域的，数据量十分庞大的数据集。大数据作为时下最火热的 IT 行业的词汇，国际公司的数据的年度分析指出：到 2020 年，数据量的预期增长将约为 44 兆比特，大约是 2013 年的十倍。这种增长可以通过社交媒体的日益普及来解释。随之而来的数据仓库、数据安全、数据分析、数据挖掘等围绕大数据的技术逐渐成为行业人士争相追捧的焦点。

二、大数据分析基本方法

解决这些大量的数据需要许多的设备和方法。大数据的基本方法除了包括较为简单的数学运算外，还有几种常用的方法。

（1）分类：是一种基本数据分析方式，数据根据其特征属性，可将数据对象划分为多个类别，再进一步分析，反映数据的更深的本质，如决策树算法、贝叶斯法。

（2）回归：是一种运行广泛的数据分析方法，可以通过规定因变量和自变量来确定变量之间的因果关系，构建符合数据的数学模型，并根据实测数据来求解模型中的黑盒参数，评价模型是否能很好的拟合实测数据。

（3）聚类：是根据数据内在的性质将数据划分为一些聚合类，每一种聚合类中的元素尽可能具有相同的特性，不同聚合类之间的特性差别尽可能大。聚类和分类的本质是不同的，分类需要有具体的类别，聚类是根据数据的内部特征进行分类，所以聚类分析是一种无监督学习，如 K-means 算法、谱聚类算法。

（4）相似匹配：是通过一定的方法来计算两个数据的相似度，相似程度通常会用一个百分比来衡量。相似匹配算法经常会被用在多种不同的场景，如数据清洗、推荐统计、偷窃检测系统、自动评分系统、网页搜索等领域。

（5）因果分析：是利用事物发展变化的因果关系来预测的方法，运用因果分析进行市场预测，主要采用回归分析法。因果检验是生态学常用的统计方法，但其局限性大，需融合其他算法或完全转变成数据思维。

以上是数据分析常用的 5 种数据分析的基本方法。数据分析人员应视情况而定，运用不同的方法，快速准确地挖掘有价值的信息。

三、大数据分析处理流程

大数据分析的基本流程可以分为五步：问题分析；数据可行性论证；数据准备阶段；建立分析模型；评估分析结果。

（1）问题分析：大数据分析的第一步是需要我们清楚自己需要得到什么问题的答案。这个问题首先要是合理的，同时需要问题明确，不能模糊不清。

（2）数据可行性论证：论证现有数据是否足够丰富、准确，以至于可以为问题提供答案，是大数据分析的第二步，项目是否可行取决于数据是否可行。大数据和传统数据的生成方式有本质的不同，传统数据往往是在识别问题，根据问题展开调查获得数据，而大数据是企业或个体想从杂乱的大数据中分析出可靠的数据。由于大数据分析技术本质属于数据挖掘法，过度拟合往往是大数据分析的难点。因此，数据可行性论证主要涉及三个环节：第一，理清项目需要的大数据、小数据和专业知识；第二，完成从抽象概念到具体指标的落实；第三，分析数据的代表性。

（3）数据准备阶段：对可行的数据，我们需要对数据做充分的准备，需要梳理分析所需的每一个特征的数据，清洗数据中存在的噪声，为下一步构建分析模型做好准备。

（4）建立分析模型：大数据分析项目需要建立的模型可以分为两类。对于这两种模型，团队需要在建立模型、论证模型的可靠性方面下功夫。①专业领域模型：大数据产品对应的项目可能有对应的专业领域模型，例如 PEST 分析模型、5W2H 分析模型、逻辑树分析模型等。②数据分析模型：这类模型包含分析结构化数据挖掘算法模型；处理非结构化数据的语义引擎；可视化策略等。

（5）评估分析结果：评估结果阶段是要评估上述步骤得到的结果是否足够严谨和可靠。评估结果分为定量评估和定性评估两部分：①定量评估：更关注于主观标准的可靠性。数据挖掘分析方法在计算上虽然依靠技术，但不少关键节点依靠主观标准。②定性评估：耗时较长，重点为考察大数据分析的结果是否合理，方案是否可行。

以上的五步构成了一个完整的数据分析过程，即由发现问题至提出问题的解决方案，能够去完美地实现提出的方法，并进行分析。

第二节　大数据分析的主要技术

大数据分析技术是我们进行数据分析的方法和工具，通过已有的大数据分析技术，对现有数据进行信息提取，以此来获取生产生活所需信息及数据间的关系等。在本节中，我们从数据挖掘、监督学习模型、无监督学习模型、半监督学习模型及文本处理模型五种类型模型进行介绍。

一、数据挖掘

数据挖掘就是从大量的、不完全的、有噪声的、模糊的、随机的实际数据中，提取隐含信息的过程。要挖掘大数据的大价值必然要对大数据进行内容上的分析与计算。

根据挖掘任务可分为分类或预测模型发现、数据总结、聚类、关联规则发现、序列模式发现、依赖关系或依赖模型发现、异常和趋势发现等等；根据挖掘对象可分为关系数据库、面向对象数据库、空间数据库、时态数据库、文本数据源、多媒体数据库、异质数据库、遗产数据库以及环球网 Web；根据挖掘方法，可分为：机器学习方法、统计方法、神经网络方法和数据库方法。

通过数据挖掘算法，在传感器收集到的历史数据中（如水质、大气等数据）进行挖掘，供相关环保部门制定相关政策等使用。

二、监督学习模型

监督学习模型就是分类，通过已有的训练数据以及对应的标签去训练一个最优模型，利用这个模型去拟合所有训练数据，对输出进行简单的判断实现分类。

（一）决策树

决策树是用于分类和回归的主要技术之一，决策树学习是以实例为基础的归纳学习算法，它着眼于从一组无次序、无规则的实例中推理出以决策树表示的分类规则。构造决策树的目的是找出属性和类别间的关系，用它来预测将来未知记录的类别。它是一种自上而下，对样本数据进行树形分类的过程，由结点和有向边组成。结点分为内部结点和叶结点，其中每个内部结点表示一个特征或属性，叶结点表示类别。从顶部根结点开始，所有样本聚在一起。经过根结点的划分，样本被分到不同的子结点中。再根据子结点的特征进一步划分，直至所有样本都被归到某一类别中。

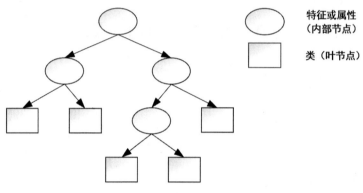

图 4.1　决策树模型结构

主要的决策树算法有 ID3、C4.5（C5.0）、CART（Classification and Regression Trees）、PUBLIC（Pruning and Building Integrated in Classification）、SLIQ（Supervised Learning In Quest）和 SPRINT（Scalable Parallelizable Induction of Classification Tree）算法等。它们在选择测试属性采用的技术、生成的决策树的结构、剪枝的方法以及时刻、能否处理大数据集等方面都有各自的不同之处。

决策树算法可应用于植被图像分类、预测森林植被类型等，经典的案例有鸢尾花分类。在 Python 中提供相应的库。

除编写代码外，市场中还有支持通过点击的方式创建算法的工具。决策树具有直观、便于理解的优势。但存在过拟合，泛化能力不强，无法应用于复杂关系的劣势。故应根据实际情况谨慎选择使用，必要时需结合其他算法。

（二）神经网络

神经网络是一种应用类似于大脑神经突触联接的结构进行信息处理的数学模型。在这种模型中，大量的节点（称"神经元"）之间相互联接构成网络，即"神经网络"，以达到处理信息的目的。神经网络通常需要进行训练，训练的过程就是网络进行学习的过程。训练改变了网络节点的连接权值，使其具有分类的功能，经过训练的网络就可用于对象的识别。神经元模型如图 4.2 所示。

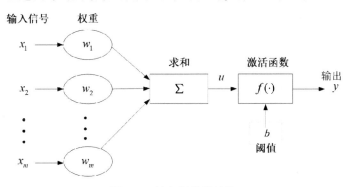

图 4.2　神经元模型结构

目前，神经网络已有上百种不同的模型，常见的有 BP 神经网络、径向基 RBF 网络、Hopfield 网络、随机神经网络（Boltzmann 机）、竞争神经网络（Hamming 网络，自组织映射网络）等。但是当前的神经网络仍普遍存在收敛速度慢、计算量大、训练时间长和不可解释等缺点。

（三）其他分类学习模型

此外还有 logistics 回归（逻辑回归）模型、隐马尔科夫分类模型（HMM）、基于规则的分类模型等众多的分类模型，对于处理不同的数据、分析不同的问题，各种模型都有自己的特性和优势。

三、无监督学习模型

在无监督式学习中，数据并不被特别标识，学习模型是为了推断出数据的一些内在结构，应用场景包括关联规则的学习以及聚类等。常见的聚类算法如下：

（一）K-means 聚类

K-means 算法的基本思想是初始随机给定 K 个簇中心，按照最邻近原则把待分类样本点分到各个簇。然后按平均法重新计算各个簇的质心，从而确定新的簇心。一直迭代，直到簇心的移动距离小于某个给定的值。典型应用场景有手写数字识别、信息检索等。K-means 聚类算法存在一些缺点，目前有一些改进的方法，如 K-means++，ISODATA（Iterative Self-Organizing Data Analysis Techniques Algorithm）算法。

K-menas 算法思想：

（1）根据输入聚类中心个数 k，在数据集 data 中随机选择 k 个中心初始化为聚类中心；

（2）依次计算 data 中其他数据到 k 个聚类中心的距离，选择聚类最小的中心，将该数据划分到该类别中；

（3）计算每个聚类的中心点（该点可以不存在于输入数据 data 中），将该点更新为该类别新的聚类中心点；

（4）不断重复 2、3 步，直到数据划分不再变化停止循环。

K-means 聚类效果如图 4.3 所示，图 4.3 左部分为原始数据，右部分为聚类中心为 3 时聚类效果。

K-means 算法可应用于气象、水质等数据进行数据挖掘。

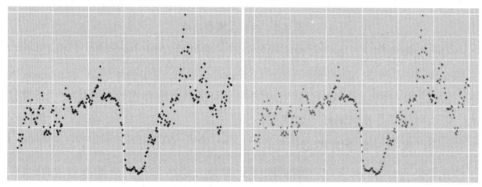

图 4.3　k-means 聚类效果

（二）基于密度的聚类

根据密度完成对象的聚类。它根据对象（如 DBSCAN）周围的密度进行聚类。典型的基于密度的方法包括 DBSCAN：该算法通过不断增长足够多的高密度区域进行聚类，它可以从包含噪声的空间数据库中找到任意形状的簇。此方法将簇定义为一组"密度连接"点。

（三）层次聚类

分层聚类方法对给定的数据集进行分层分解，直到满足一定的条件。层次凝聚的代表是 AGNES 算法，层次分裂的代表是 DIANA 算法。具体来说，它可以分为两种方案：压缩方案和拆分方案。

凝聚层次聚类是一种自下而上的策略。首先，将每个对象视为一个簇，然后将这些原子簇合并成越来越大的簇，直到所有对象都在一个簇中或满足某个结束条件。大多数层次聚类方法都属于这一类，它们只是在聚类间相似性的定义上有所不同。

划分层次聚类与聚合层次聚类相反，采用自上而下的策略。首先将所有对象放在同一个簇中，然后逐渐将对象划分为更小的簇，直到每个对象都是独立的，或达到集群或特定终止条件。

此外常用的聚类方法还有基于网格的聚类、模糊聚类算法、自组织神经网络 SOM、基于统计学的聚类算法（COBWeb、AutoClass）等。

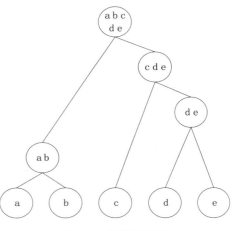

图 4.4　层次聚类图

四、半监督学习模型

半监督学习算法需要识别部分输入数据，而不是部分输入数据。训练模型可以用于预测，但是为了合理组织预测数据，模型首先要训练数据的内部结构。应用场景包括分类和回归。该算法包含对一些流行的监督学习算法的扩展。这些算法首先对未确认的数据进行建模，然后尝试预测已识别的数据。

（一）多视角算法

这通常用于可以共享自然特征的数据集。考虑一个特殊情况：每个数据点都被视为两个特征的集合，并由联合训练算法处理。这种算法隐含地使用聚类假设或流形假设。它们使用两个或更多的学习器。在学习过程中，这些学习器会选择一些可靠性高的未标记样本相互标记，从而更新模型。

（二）基于图形的算法

基于图的算法是基于图正则化框架的半监督学习算法。这些算法直接或间接地利用一般假设。他们通常首先根据训练示例和一些相似性度量创建一个图。图中的节点对应于示例，边是示例之间的相似性。然后定义目标函数进行优化，利用图上行列式的平滑度作为正则化项，得到理想模型的参数。

五、文本处理模型

（一）分词模型

分词模型主要在处理文本过程中使用，在此特指中文分词模型。中文分词算法现在一般分为三类：基于字符串匹配；基于理解；基于统计的分词。

1. 基于字符串匹配分词

机械分词算法。将要分割的字符串与足够大的机器词典中的条目匹配。可分为正向匹配和反向匹配；最大长度匹配和最小长度匹配；简单的分词以及分词和标注过程的集成。因此，常用的方法有：正向最大匹配、反向最大匹配和最小分割。在实际应用中，采用机械分词作为初始分词手段，利用语言信息提高分词精度。首先识别特征明显的词，将这些词作为断点，将原始字符串分割成较小的字符串，然后进行机械匹配，以降低匹配错误率；或者将分词与词性标注相结合。

2. 基于理解分词

分词同时进行句法语义分析等模拟人对句子的理解，包括分词子系统、句法语义系统、总控部分。总控部分协调下，分词字系统可以获得有关词、句子等的句法和语义信息对分词歧义进行判断。需要大量的语言知识信息。

3. 基于统计分词

相邻的字同时出现的次数越多，越有可能构成一个词语，对语料中的字组频度进行统计，不需要切词字典，但错误率很高。可以考虑：使用基本词典进行关键词分词，使用统计方法识别新词组，两者结合。

（二）LDA 模型

LDA（Latent Dirichlet Allocation）是一种文档主题生成模型，也称为三层贝叶斯概率模型，包含词、主题、文档的三层结构。所谓生成模型，是指文章中的每个词都被认为是通过"以特定概率选择特定主题，并以特定概率从该主题中选择特定词"的过程获得的。文档到主题服从多项分布，主题到词服从多项分布。

LDA 是一种无监督机器学习技术，可用于识别隐藏在大型文档集合或语料库中的主题信息。它使用词袋方法，将每个文档视为一个词频向量，将文本信息转换为易于建模的数字信息。但是，词袋方法没有考虑词之间的顺序，这简化了问题的复杂性，也为改进模型提供了机会。每个文档代表一个由多个主题组成的概率分布，每个主题代表一个由多个词组成的概率分布。

第三节　大数据分析处理系统

大数据中所蕴含的价值就是现代社会人们进行研究和挖掘分析科学技术的

动力，但是，对于科学技术和信息系统而言，海量数据的收集和处理仍然存在着巨大的问题和挑战。目前，人们对于大数据的处理方法和形式主要有对静态数据的批量处理，对网络上的实时数据进行处理，以及对地图数据进行综合处理。其中，在线数据的交互处理也被认为是包括了对流型数据的交互处理和实时交互计算两种。大数据分析系统主要由数据源、数据采集、数据库存储、数据处理与分析、数据显现五个功能模块组成。本节将详细阐述数据特征和各自的应用以及相应的代表性系统。

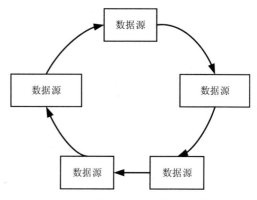

图 4.5　大数据分析处理系统功能模块图

一、批量数据处理系统

批处理数据处理系统利用批处理数据挖掘正确的模式，获取特定的含义，做出明智的决策，最终采取有效措施实现业务目标，是大数据批处理的主要任务。大数据批处理系统适用于数据先存储后计算，实时性要求不高，更看重数据准确性和包容性的场景。

（一）批量数据的特征

批量数据一般情况下含有 3 个特征：1. 数据量大。数据从 TB 级别跃升千倍。数据以静态形式存储在硬盘上，更新频率缓慢，可进行长期存储和重复利用，但是这样大量数据难以移动和备份。2. 数据的精准度高。批处理数据通常是应用程序生成的数据，因此它相对准确且是宝贵的公司资产的一部分。3. 数据价值密度低。以视频批量数据为例，在连续不断的监控过程中，潜在有用的数据只有 1-2 秒。因此，需要一个合理的算法从批量数据中抽取有用的价值。此外，批量数据处理很耗时，并且不提供用户与系统的交互方式，因此，如果发现处理结果和预期或以前的结果显著不同时，会浪费大量的时间。因此，批量数据处理适合大型的相对比较成熟的作业。

（二）代表性的处理系统

谷歌于 2003 年开发的文件系统 GF 和 2004 年开发的 MapReduce 编程模型，由于在 Web 环境中批量处理大量数据的独特吸引力，对学术界和工业界产生了重大影响。谷歌并没有将这两项技术的源代码开源，但是基于这两个开源文档，2006 年 Nutch 项目子项目之一的 Hadoop 有两个——HDFS 和 MapReduce，实现了一个强大的开源产品。Hadoop 已经成为典型的大数据批处理架构。HDFS 负责存储静态数据，计算逻辑分布在各个数据节点上，通过 MapReduce 进行数据计算和值检测。Hadoop 符合当今主流 IT 公司的一致需求。此后基于 HDFS 和 MapReduce 建立了许多项目，形成了 Hadoop 生态圈。

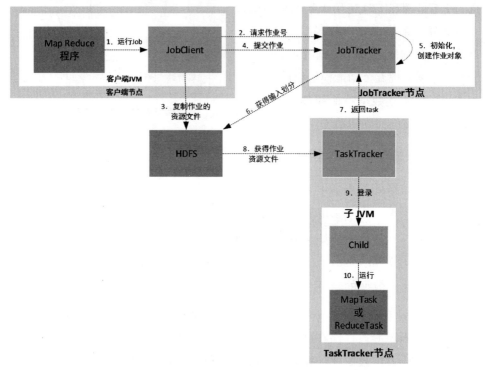

图 4.6　MapReduce 工作原理图

二、流式数据处理系统

Google 在 2010 年发表了 Dremel，带领相关行业向数据的实时处理方面前进。实时数据处理是针对批量数据处理的性能问题提出的，可分为流式数据处理和交互式数据处理两种模式。在大数据的相关背景下，流式数据处理从服务器日志的实时收集开始，交互式数据处理目标是将 PB 级数据的处理时间缩短到以秒为单位。

（一）流式数据的特征

简单来说，流式数据是无穷的数据序列，序列中的每个元素都有不同的来源和复杂的格式。序列通常包含时序特征或其他有序标签（如 IP 报文的序号）。从数据库的角度而言，每个元素可以被认为是一个元组，元素的特性则类比于元组的属性。流式数据在不同的场景下往往体现出不同的特征，如流速大小、元素特性数量、数据格式等，但大多数流式数据都含有共同的特征，这些特征便可用来设计通用的流式数据处理系统。

（二）代表性的处理系统

流式数据处理在业界得到快速发展与应用，常见的有：Twitter 的 Storm；Facebook 的 Scribe；Linkedin 的 Samza。

1. Twitter 的 Storm 系统

Storm 是一个用于处理流数据的分布式、可靠、容错系统。其流式处理作业分布在不同类型的组件中，每个组件负责一项简单的、特定的处理任务。Storm 集群的输入流由名为 Spout 的组件负责。Spout 将数据传递给名为 Bolt 的组件，后者将以指定的方式处理这些数据，如持久化或者处理并转发给另外的 Bolt。Storm 集群可以看成一条由 Bolt 组件组成的链（称为一个 Topology）。每个 Bolt 对 Spout 产生出来的数据做某种方式的处理。

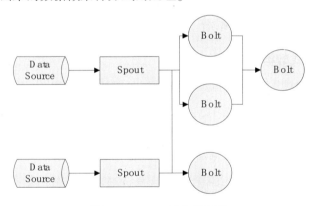

图 4.7　Storm 工作原理图

可以通过 Storm 来实时地处理新输入数据和更新数据库，其兼具容错性和扩展性。Storm 还可被用于连续计算，数据流的连续查询，在计算过程中将结果以流的形式输出给用户。在分布式 RPC 中，也可以应用 Storm，以并行的方式运行复杂运算。一个 Storm 集群包含 3 种节点：（1）Nimbus 节点，负责提交任务，分发执行代码，为每个工作结点指派任务和监控失败的任务；（2）Zookeeper 节点，负责 Storm 集群的协同操作；（3）Supervisor 节点，负责启动多个 Worker 进程，执行 Topology 的一部分，这个过程是通过 Zookeeper 节点与 Nimbus 节点通信完成的。因为 Storm 将所有的集群状态保存在 Zookeeper 或者本地磁盘上，Super-visor 节点是无状态的，因此其失败或者重启不会引起全局的重新计算。

2. Linkedin 的 Samza 系统

Linkedin 最初开发了一个名叫 Kafka 的消息队列，深受业界推崇，许多流式数据处理系统都使用 Kafka 作为底层的消息处理模块。2013 年，Linkedin 基于 Kafka 开发了一款流式处理框架——Samza。Samza 与 Kafka 的关系可以看作 MapReduce 与 HDFS 的关系。Samza 系统由 3 个层次组成，包括流式数据层（Kafka）、执行层（YARN）、处理层（Samza API）。一个 Samza 任务的输入与输出均是流。Samza 系统对流的模型要求很严格，它并不只是一个消息交换的机制。流在 Samza 的系统中是一系列划分了的、可重现的、可多播的、无状态的消息序列，每一个划分都是有序的。流不仅是 Samza 系统的输入与输出，它还充当系统中的缓冲区，能够隔离相互之间的处理过程。Samza 利用 YARN 与 Kafka 提供了分步处理与划分流的框架。Samza 客户端向 Yarn 的资源管理器提交流作业，生成多个 Task Runner 进程，这些进程执行用户编写的 StreamTasks 代码。该系统的输入与输出均为 Kafka 的 Broker 进程。

三、交互式数据处理系统

（一）交互式数据处理的特征

与非交互式数据处理相比，交互式数据处理更加灵活、直观、更易于控制。系统和操作员以人机对话的方式进行提问和回答。操作人员提出请求，数据交互录入，系统便提供相应的数据或提示信息，操作员分阶段完成所需的操作，直至获得最终的处理结果。这样就可以及时处理和修改系统中存储的数据文件，处理结果即可使用。交互式数据处理的这些特性能够及时的处理输入信息，以便可以在交互模式下继续进行。

（二）代表性的处理系统

典型的交互式数据处理系统有 Berkeley 的 Spark 系统和 Google 的 Dremel 系统。

1. Berkeley 的 Spark 系统

Spark 是一个基于内存计算的可扩展的开源集群计算系统。鉴于 MapReduce 中搞网络传输和磁盘 I/O 低效率的缺陷，Spark 使用内存进行数据计算，以快速处理查询并返回实时分析结果。Spark 提供比 Hadoop 更高级别的 API，相同的算法在 Spark 中的运行速度比 Hadoop 快 10 到 100 倍。Spark 在技术上与 Hadoop 存储层 API 兼容，可访问 HDFS、HBASE、SequenceFile 等。Spark－Shell 可以打开交互式 Spark 命令环境并能够提供交互式查询。

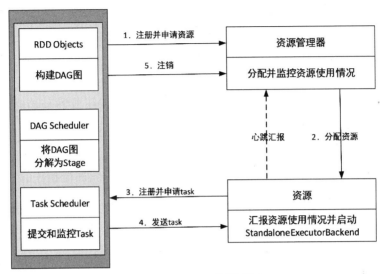

图 4.8　Spark 工作原理图

　　Spark 是为某些类型的集群计算工作负载设计的，即在并行操作之间重用工作数据集（比如机器学习算法）的工作负载。Spark 广泛应用于高效处理分布数据集特征方面，目前 Hadoop 的四大供应商都提供对 Spark 的支持。主要使用 Scala 语言，同时支持 Java、Python 等语言。

　　2. Google 的 Dremel 系统

　　Dremel 是谷歌发表的交互式数据分析系统，该系统只能进行只读嵌套数据的分析。Dremel 嵌入在数千个服务器集群中，可以处理 PB 级的数据。传统的 MapReduce 需要几分钟才能完成处理的任务，Dremel 可以在几秒钟处理完毕。该系统是 MapReduce 的重要完善，可以将 MapReduce 中的数据导入到 Dremel 中，然后使用 Dremel 来对数据进行分析建模，最后再将 Dremel 中建立好的模型放在 MapReduce 中进行运行。作为大数据的交互式处理系统，Dremel 在速度和准确性方面具有与传输数据分析和商业智能工具相媲美的潜力。

四、图数据处理系统

（一）交互式数据处理的特征

　　图数据主要包含图中的节点和连接它们的边，通常具有三个特征：首先，节点之间的相关性。图中的边数是节点数的指数倍数。因此，节点和关系信息同样重要。图结构的差异也是由于边缘限制。在图中，顶点和边被实例化形成不同类型的图，包括标签图、属性图、语义图和特征图；其次，图数据的类型很多。在许多领域，图被用来表示附近的数据，例如生物学、化学、计算机视觉、模式识别、信息检索、社交网络、知识发现、动态网络流量、语义网络和情报分析。每个字段图数据的处理要求是不同的。因此，没有一个通用的图数据处理系统可以满足所有学科的需求；第三，强大的图数据计算组合。在图中，数据是相互关联的，因此图数据的计算也是相互关联的。当图的规模达到数百万甚至数亿节点时，数据绑定的这种特性对大图数据的计算提出了重大挑战。大图数据无法在单机上处理，但是在并行处理大图数据时，对于每个顶点之间都是连通的图来讲，很难将其划分为多个完全独立的子图进行独立的并行处理；即使可以分割，也面临着并行机协同处理、最终处理结果合并等一系列问题。这就需要图数据处理系统选择合适的图分割和图计算模型来应对挑战和解决问题。

（二）代表性图数据处理系统

当今主要的图数据库包括 GraphLab、Giraph（基于 Pregel 克隆）、Neo4j、HyperGraphDB、InfiniteGraph、Cassovary、Trinity 和 Grappa。这是三个典型的图数据处理系统，包括谷歌的 Pregel 系统和 Neo4j 系统。

1. Google 的 Pregel 系统

Pregel 是基于 Google 提出的 BSP（Bulk Synchronous Parallel）模型的分布式图计算框架。主要用于图扫描（BFS）、最短路径（SSSP）、PageRank 计算等。BSP 模型是采用"计算–通信–同步"模型的并行计算模型的经典模型。将计算划分为一系列超步迭代。纵向看时为串行模式，横向看时为并行模式。每两个超级步长设置一个栅栏，即在整体同步点之间。验证所有并行计算完成后，开始下一轮越位。Pregel 的设计思想基于以节点为中心的计算，其中节点有两种状态：活动和非活动。最初，每个节点都是活跃的，当计算完成时，每个节点都会主动去激活"Vote to Halt"。当你收到该消息时，该消息将变为活动状态。如果没有活动节点和消息，则整个算法结束。

Apache 基于谷歌 2010 年发表的 Pregel 论文开发了一个高度可扩展的迭代图处理系统 Giraph。目前被 Facebook 用于分析社交网络上用户之间的关系图。

2. Neo4j 系统

Neo4j 是一个强大的图形数据库，具有高性能和完全的 ACID 兼容性。基于社区版、企业版等 Java 语言开发，适用于社交、动态网络等场景。Neo4j 在处理复杂的网络数据时表现出非常好的性能。数据以针对图形网络优化的格式存储在磁盘上。Neo4j 专注于解决具有大量连接的查询问题，并提供非常快速的图形算法、推荐系统和 OLAP 式分析。它满足企业应用、健壮性和性能的需求，并且得到了很好的应用。

五、小结

面对大数据，各种处理系统层出不穷，各具特色。总的来说，我们可以总结出三个发展趋势：（1）数据处理引擎的专业化：为了降低成本和提高能效，大数据系统倾向于删除传统的通用系统，并将重点放在架构技术上。因此，国内外大型互联网公司正在开发基于开源系统的大规模、高吞吐量、低成本、高可扩展性的通用应用系统。（2）数据处理平台多样化：谷歌的 GFS 和 MapReduce 的 Apache Hadoop 从 2008 年开始被复制，并逐渐被互联网公司广泛接受，成为大数据处理领域事实上的行业标准。然而，基于与 Hadoop 的完全兼容性，spark 可以通过进一步利用内存处理显著提高系统性能。Scribe、flume、Kafka、storm、drill、impala、tez/stinger、Presto 和 spark/shark 不是 Hadoop 的替代品，而是大数据技术生态环境的拓展，形成良性完整的生态环境。（3）实时数据计算：在大数据环境下，实时计算旨在将 Pb 级数据的处理时间缩短至秒。作为批量计算的补充，它越来越受到人们的关注。

| 第五章 |
大数据可视化技术

第一节　大数据可视化概述

一、概念

如今的人类，正如古代算命的先生一样，可以"预测未来"。我们可以提前知道未来的天气如何，可以提前知道这个地方未来有没有大风，有没有降雨，有的话，大概会持续多久，也可以知道未来交通拥堵情况如何，可以提前知道房价，可以提前知道很多未来的事情。这些虽然在我们看来只是一些生活的常事，但是对于一些在它们领域的人来说，这些都是十分珍贵的。气象部门通过预测天气，会通知未来是否可以出海，或者通知农民是否可以干农活；交通部门通过预测交通拥堵情况，恰当地调整交通信号灯，以此来缓解交通。除此之外，人们在娱乐时，也会关注一些数据，比如我们打完一把王者荣耀，我们会看下我们的伤害，承伤，参团率；打完和平精英，我们会看下自己的 KD、吃鸡次数等等。这些在一般人看来，也许只是我们向朋友炫耀、让自己开心的数据，但是在职业战队看来，这些就是他们未来战胜对手的"秘籍"。而这些"秘籍"就是数据。

数据是人类真实世界的镜子，人们可以通过数据找出真实世界的规律和真象。而随着互联网的发展，产生的数据也越来越多，这就导致了数据对我们生活的影响变得越来越大。通过数据，我们可以预测天气，可以改善交通，可以保护环境，还可以发现常规现象背后隐藏的秘密。

然而数据虽然对人们的生活有着极大的便利和改善，但是，如果仅仅是通过单一的数据形式，即代码或者数字来说的话，人们对于数据的认识和理解是极其表面和简单的，并且如果对于非专业型的人来说，很多专业的数据对于他们是无法理解的，这就导致了数据其实对于他们是无意义的。那么为了让人们能够清晰地认识数据，理解数据，数据可视化就出现了。数据可视化这一概念自 1987 年正式提出。经过三十几年的发展，逐渐分成了 3 个分支：科学计算可视化（seicentific visualization），信息可视化（information visualization）和可视分析（visual analytics）。近些年来，这三个分支又出现了逐渐融合的趋势。即，都统称为大数据可视化。数据可视化是将数据映射为视觉模式，比如图形、符号、颜色、纹理等。因为对于人类来说，图形、符号等相较于文字和数字更加容易被人所认识和理解。在《大数据可视化技术》中，作者对于大数据可视化的理解是：在计算机视觉领域，数据可视化是对数据的一种形象直观的解释，实现从不同维度观察数据，从而得到更有价值的信息。数据可视化，将抽象的、复杂的、不易理解的数据转为人眼可识别的图形、图像、符号、颜色、纹理等，这些转化后的数据通常有较高的识别效率，能够有效地传达出数据本身所包含的有用信息。文中作者对于其更深的理解为可视化是人类思维认识强化的过程，即人脑通过人眼观察某个具体图形、图像来感知某个抽象事物，这个过程是一个强化认知的理解过程。数据冰雹创始人邓潇对于大数据可视化的内涵理解为：大数据可视化就是利用视觉的方式，将那些巨大的、复杂的、枯燥的、潜逻辑的数据展现出来，无论通过地理空间、时间序列，还是逻辑关系等不同维度，最终使读者短时间内理解数据背后的规律和价值。而在其他的一些书中，大数据可视化技术是指有效处理大规模、多类型和快速变化数据的图形化交互式探索与显示技术。综合不同的人或书对于大数据可视化技术的介绍，简单地说就是将数据背后所隐藏的信息和价值通过算法和图像展现出来。根据目标的不同，数据可视化被分为了探索性分析和解释性分析。

所谓的探索性分析，即探索、理解数据，并找出事先不确定、但值得关注或分享的信息。

所谓的解释性分析，即向受众解释确定的问题，并有针对性地进行交流和展示。

那么，为什么要进行数据可视化？

因为我们目前所处的时代是大数据时代，我们人类每时每刻都在产生着大量的数据，同时，我们也在根据数据获取所需的信息和知识。但是，对于人类来说，我们的时间和脑容量不允许我们记住如此庞大的数据，就像如果让我们记住一处风景，我们需要记住对这个风景的描述，但是这样会占据很大的脑容量，但如果我们记住了这个风景的照片，那么我们就可以仅用一点的脑容量和时间，便可完成这项工作。不仅如此，我们可以对我们获取到的信息以某种特定的方式整理、分析，最终得到一个更加有价值的信息。就比如：我们通过过去几十年房价的分析，就可以清楚地得出未来房价大概能到哪个价位等等。这就是进行数据可视化的原因。

那么数据可视化最重要的基础是什么？数据。

数据就是数据可视化最重要的基础，它和数据可视化紧密相关，可以说，数据就是数据可视化的"心脏"，没有数据，就没有数据可视化。

数据分为结构数据和非结构数据。其中结构数据就是指表格数据；非结构数据包括树状数据、网络数据、文本数据、时间数据和空间数据。

二、方法

首先从方法层介绍一下基本满足常用数据可视化需求的通用技术，这些技术是按照可视化的目标分类。然后，根据大数据的特点，介绍大规模数据可视化，时序数据可视化。

（一）常用的数据可视化技术

目前，大数据可视化技术在应用中，主要是目标驱动。在当今业界广泛使用的可视化方法是根据目标分类的数据可视化方法。根据目标分类的数据可视化方法主要有四个：对比、分布、组成和关系。

1. 对比：比较不同元素之间或不同时刻之间的值。这是四个方法中最常规，也是最普遍的方法。比较最为传统的方式是柱状图。柱状图是从相同的基准出发，不同的数值有不同的高度，主要是根据高度来体现出数据间的对比，当然，为了可以更加清晰地看出不同数据之间的差别，我们可以改变柱子的纹理，或者柱子增长的方向。如图5.1所示。我们可以将不同的柱子用不同的颜色或纹理来使不同的柱子更加有区分度，也可以将柱子放在横轴的上下方来反应正负值的比较。

然而，当柱状图中的横轴的类别比较多的时候，用条形图是更加正确的选择。这样显示的时候会更加美观，更加方便。如果说数据本身有比较具体的含义或者背景的时候，我们就可以将柱子换成其他图形。这就变成了象柱状图。除此之外，还有南丁格尔玫瑰图、漏斗图、瀑布图、马赛克图、雷达图和词云图。

其中瀑布图，是柱状图的一种延伸，它一般表示某个指标随时间的涨跌规律，每个柱子都是从上个柱子的终点位置开始的，这样就反映了每个时刻的涨跌情况，也反映了数值指标在每个时刻的值，如图5.2所示。

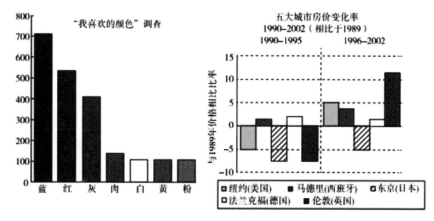

图 5.1 柱状图

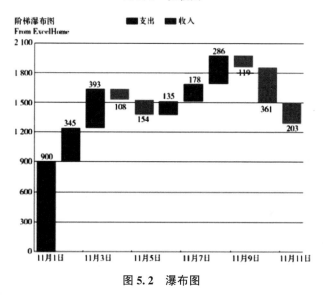

图 5.2 瀑布图

2. 分布：查看数据分布特征，是数据可视化常用的场景之一。分布主要是运用在一些可以使用函数表达的场景下。通过函数，可以预测到未来的趋势，或者某一刻的值。就比如对于天气的预测，房价的预测等等，这些可以用函数来表示趋势或者未来可能的情景都可以使用分布来表示。常用于直方图，通过对比不同的元素之间数值，来表现出事物的趋势或者其他隐藏的信息。直方图将变量的取值范围分成不同的区间，分别计算各个区间样本出现的频率，将频率通过类似柱状图的形式表现出来。与柱状图不同的是，直方图的柱子之间是没有间隔的。

直方图针对的是单一变量，而当我们要对比不同类别的变量分布时，就可以选择箱线图。箱线图又称为盒须图，用来表现各个数值型变量的分布情况，每一条横线分位数，盒内部的横线代表中位数，点代表异常值，如图5.3所示。

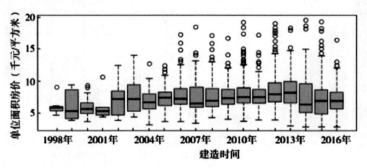

图5.3　箱线图

3. 组成：查看数据静态或动态组成。组成表现在饼图、堆叠式面积图、矩形树图等，它可以比较多个事物在同一变量下的趋势或者值。其中饼图是最常用于展示余部与整体关系的一种方法。在一个饼图中，每一个不同颜色的扇形就代表一个类别，类别所占的比例越高，其扇形的角度越大。但是，饼图仅适合于类别不是太多的时候，一般不超过9个。饼图也有一些延伸，比如圆环图、旭日图等。饼图展示的是局部和整体之间的关系，如果说要展示局部与局部之间的话，推荐使用的是堆栈柱状图，如图5.4所示。

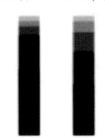

图5.4　堆栈柱状图

4. 关系：查看变量之间的相关性，这个常常用于结合统计学相关性分析方法，通过视觉结合使用者专业知识和场景需求判断多个因素之间的影响关系。

（二）大规模数据可视化

大规模数据可视化通常被认为是TB级或PB级数据的处理。大规模数据可视化经过几十年的发展，经过了大量的研究，主要集中在并行可视化和原位可视化。

1. 并行可视化

并行可视化通常包括三种并行处理模式：任务并行、流水线并行、数据并行。

任务的并行处理将可视化过程划分为独立的子任务，并发子任务之间没有数据依赖关系。

流水线并行使用流式读取数据片段，将可视化过程拆分为多个阶段，计算机并行运行每个阶段以加快处理过程。

数据的并行处理是一种"单个数据、多个程序"的方法，将数据划分为多个子集并并行处理不同的子集。

2. 原位可视化

在数值模拟过程中生成可视化，以减少大型数值模拟输出中的瓶颈。根据不同的输出，原位可视化可以分为图像、分布、压缩和特征。

输出是图像的原位可视化，将数据映射到数值模拟可视化，并保存图像。

输出是分布的原位可视化。根据用户自定义的统计指标，在数值模拟过程中保存统计指标，统计数据可视化。

输出是压缩数据的原位可视化，它使用压缩算法来减少数值模拟的输出规模，并将压缩数据作为后续可视化的输入。

输出是特征的原位可视化。采用特征提取方法，在数值模拟过程中提取并保存特征，将特征数据作为后续可视化处理的输入。

除了以上两种方法之外，在时序数据可视化中，还有许多方法来进行可视化。

3. 时序数据可视化

时序可视化是帮助人们通过数据的视角观察过去，预测未来。

面积图可以显示某时间段内量化数值的变化和发展，常用来预测趋势。如图 5.5 所示。①

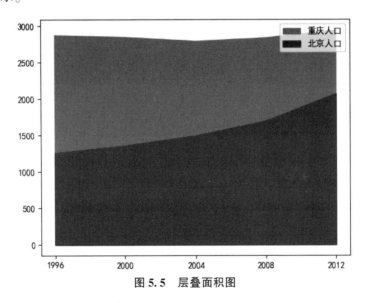

图 5.5 层叠面积图

① https：//wenku.baidu.com/view/60128a46986648d7c1c708a1284ac850ad0204b4.html.
https：//wenku.baidu.com/view/b5aabf777dd184254b35eefdc8d376eeafaa1766.html.

气泡图可以将其中一条轴的变量设为时间，或者把数据变量随时间的变化做成动画显示，如图5.6所示。①

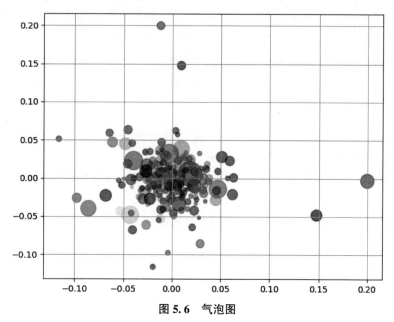

图5.6 气泡图

蜡烛图通常用作交易工具，如图5.7所示。②

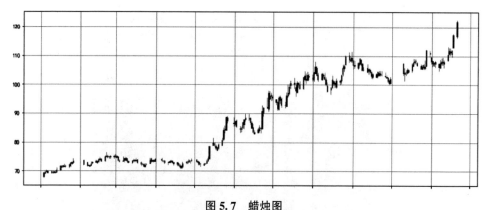

图5.7 蜡烛图

甘特图通常做项目管理的组织工具，如图5.8所示。③

① https：//matplotlib. org/stable/gallery/lines_bars_and_markers/scatter_demo2. html#sphx-glr-gallery-lines-bars-and-markers-scatter-demo2-py.

② https：//blog. csdn. net/qq_18668137/article/details/103720183.

③ https：//blog. csdn. net/sgzqc/article/details/121893158.

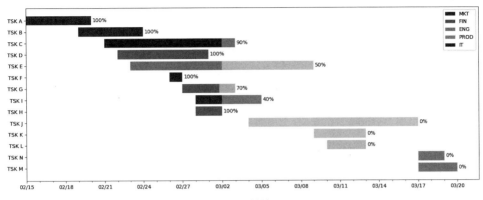

图 5.8 甘特图

热力图通过色彩变化来显示数据，如图 5.9 所示。①

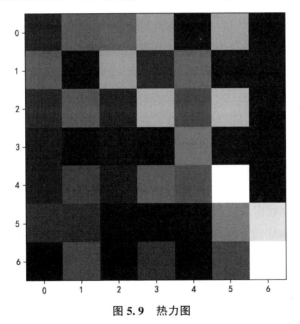

图 5.9 热力图

直方图适合用来显示在连续间隔或特定时间段内的数据分布，如图 5.10 所示。②

除此之外还有折线图，用于在连续间隔或时间跨度上显示定量数值，最常用来显示趋势和关系；南丁格尔玫瑰图绘制于极坐标系之上，适用于周期性时序数据。

---

① https：//blog. csdn. net/mr_songw/article/details/124348469.

② https：//matplotlib. org/stable/plot_types/basic/bar. html#sphx-glr-plot-types-basic-bar-py.

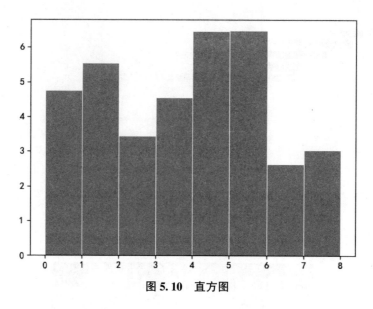

图 5.10　直方图

三、大数据可视化步骤

第一步　需求分析

需求分析是大数据可视化的前提。需求分析需要描述项目背景和目的、业务目标、业务范围、业务需求和功能需求，并澄清可视化的期望和需求。该需求包括需求分析的主题、每个主题可能的视角、需要分析的企业各方面的规律、用户的需求等。

第二步　建立数据仓库/数据集市的模型

在需求分析的基础上，建立了数据仓库/数据集市模型。除了数据库的 ER 模型和关系模型外，数据仓库/数据集市建模还包括专门针对数据仓库的维度建模技术。维度建模的关键是澄清以下四个问题。首先，哪些维度对主题分析有用。第二，如何使用现有数据生成维度表。第三，用什么指标来衡量主题。最后，介绍如何使用现有数据生成事实表。

第三步　数据抽取、清洗、转换、加载（ETL，即 Extract-Transform-Load）

ETL 是数据提取、转换和加载全过程的缩写。具体来说，是指将业务数据中的数据提取、清理、转换后加载到数据仓库的过程。目的是整合企业中分散、杂乱、不统一的数据，为企业决策提供分析依据。它是商业智能项目的重要环节。

数据提取是指从各种业务系统中提取数据仓库/数据集市所需的数据。由于每个业务系统的数据质量不同，因此应为每个数据源建立不同的提取过程。每个数据提取过程都需要使用接口将原始数据传输到清理和转换阶段。

数据清洗的目的是保证抽取的原数据的质量符合数据仓库/数据集市的要求并保持数据的一致性。

数据转换是整个 ETL 过程的核心。它主要是对原始数据进行计算和放大。

数据加载是根据数据仓库/数据集市中实体之间的关系将数据加载到目标表中。

第四步　建立可视化场景

可视化场景的建立是在数据仓库/数据集市中分析和处理数据的结果。通过该场景，用户可以从多个角度查看企业的运营状况，根据不同的主题和方式查看企业业务内容的核心数据，从而做出更准确的预测和判断。

第二节　大数据可视化工具

在大数据可视化快速发展的几十年间，很多可视化软件和工具逐渐产生。这里就推荐一些常用的大数据可视化的软件和工具。

（一）Matplotlib

基于 Python 的绘图库为 Matplotlib 提供了完整的 2D 和有限的 3D 图形支持。这对在跨平台互动环境中发布高质量图片有很大帮助。它也可用于动画。

例如：使用 Matplotlib 生成一个函数 $y = x^2$（$-5 \leqslant x \leqslant 5$）的图像。

1. 导入模块

使用 import 导入 numpy 和 matplotlib. pyplot 模块。

2. 生成数据

使用 numpy 生成一维数组赋值给 x；令 y 为 x 的平方。

3. 绘制图形

使用 matplotlib. pyplot 模块设置图像格式等并进行显示。

最终的结果图如图 5.11 所示。

（二）Seaborn

Seaborn 是一个 python 库，用于创建信息丰富且有吸引力的统计图形。该库基于 Matplotlib，提供内置主题、选项板、函数和工具等多种功能，实现单因素、双因素、线性回归、数据矩阵和统计时间序列的可视化，进一步构建复杂的可视化。

图 5.12 为采用 seaborn 绘制的具有多个元素的双变量图。[①]

---

① https：//seaborn. pydata. org/examples/layered_bivariate_plot. html.

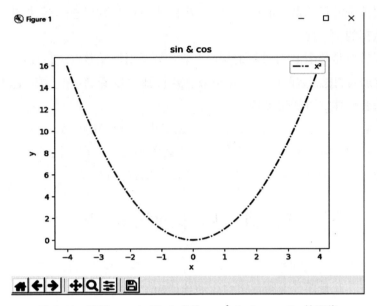

图 5. 11　使用 matplotlib 生成的 $y=x^2$（$-4 \leqslant x \leqslant 4$）的图像

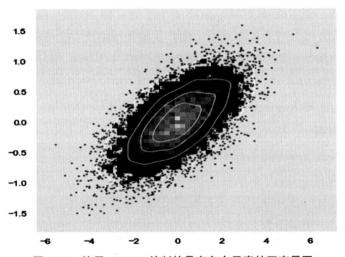

图 5. 12　使用 seaborn 绘制的具有多个元素的双变量图

（三）D3. js

它是 JavaScript 的函数库，主要用于显示图表。D3 可以帮助用户使用 HTML、SVG 和 CSS 将数据带入生活。D3 对 Web 标准的强调为用户提供了现代浏览器的所有功能，而不必落入专业框架，而是结合了强大的可视化组件和数据驱动的DOM 操作方法。D3 允许您将任意数据绑定到文档对象模型（DOM），然后对文档应用数据驱动的转换。D3 不是一个试图提供所有可能功能的总体框架。相反，D3 解决了问题的关键：有效的基于数据的文档处理。这避免了专有的表示，并提供了非凡的灵活性，公开了 HTML、SVG 和 CSS 等 web 标准的全部功能。D3 的开销最小，速度非常快，支持大型数据集以及交互和动画的动态行为。D3 的功能风格允许通过各种官方和社区开发的模块集合重用代码。

（四）Pentaho

是世界上最流行的开源商务智能软件，以工作为核心，强调面向解决方案而非工具组件，基于 Java 的商业智能（business Intelligence，BI）套件，之所以说是套件，是因为它包含了 Web service 平台和几个工具软件：报表、分析、图表、数据继承、数据挖掘等，可以说是包含了商务智能的方方面面。它整合了多个开源项目。它偏向于与业务流程相结合的 BI 解决方案，侧重于大中型企业应用。它允许商业分析人员或开发人员创建报表、仪表盘、分析模型、商业规则和 BI 流程。

（五）Dygraphs

Dygraphs 是一款快捷、灵活的开源 JavaScript 图表库，用户可以自由探索和编辑密集型数据集。它具有极强的交互性，比如缩放、平移和鼠标悬停等都是默认动作。更好的是，它还对误差线有很强的支持。它也是高度兼容的，所有主流浏览器均可正常运行，包括 IE8，甚至支持在平板和移动端上使用双指缩放。

（六）JasperReports

拥有能够从大数据库中生成报告的全新软件层。

（七）ManyEyes

IBM 公司开发的可视化工具。可供用户上传数据并实现交互式可视化的公共网站。

（八）Flare

实现 Adobe 视频播放器中运行的数据可视化。

（九）Tableau

一款商业智能（BI）软件，支持交互式和直观数据分析，内置内存数据引擎来加速可视化处理，是一款专业数据可视化的软件。它将数据运算和图表完美地连接到了一起，操作简单，功能强大，并且交互性十分好。

第三节　大数据可视化实例

一、大数据可视化应用

（一）U. S. Gun Deaths

"U. S. Gun Deaths" 是系列文章中出现过的美国因枪支而死亡的人的网站。在这个案例中，每条线代表一个人，其中黄色的部分是其因为枪支提前死亡的年龄，白色的部分为正常死亡的年龄。这个案例表明了在美国因枪支提前死亡的人大多是中青年人。

（二）The Evolution of Music Taste

"The Evolution of Music Taste" 反应欧美从 1958 年到 2016 年最流行 5 首歌变化情况的网站。在传统的折线图上加入歌手榜单的动态变化，随着榜单变化，第一名的歌曲也会变化。用户听着音乐声，回忆着一首首老歌，再听一听新歌，对音乐和时间变化的关系更加理解深刻。

榜单变化本是一个简单的事，但加入了 TOP1 音乐做为背景，并随时间产生相应变化。则就是非常有意思的事了，更加令人印象深刻。

（三）"Vestas" 风电大数据，全面提升风电效能

Vestas 紧跟时代潮流，将大数据和云计算技术应用到自身的风电平台，致力于提升大数据在风场全生命周期管理中的应用，全面提升风电场效能。Vestas 利用 Vestas Online、SiteHunt、SiteDesign、Electrical PreDesign 收集数据，并在自有平台（电厂控制系统、Vestas 预测、商业 SCADA 系统）进行建模分析，最终实现气象预报、风能发电量预测及风机整体性能优化。参见图 5.13。

二、具体操作

（一）获取数据

通过爬虫，获取到数据。将数据解析后，放在表格中。

（二）解析数据

将爬取到的数据进行解析，即数据清洗。要从爬取到的数据中挑选出我们需要的数据。

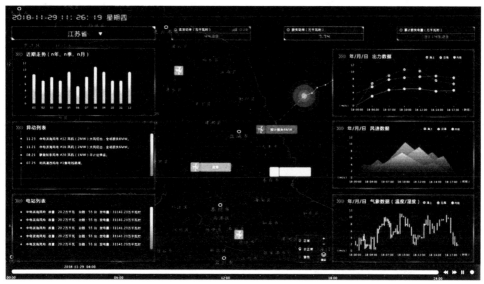

图 5.13　风电大数据可视化

（三）制作词云

词云是数据可视化的一种方法，是将文本中的词语，按照词频进行汇总。使用词云需要导入第三方库 wordcloud。

词云的常规方法为 wordcloud. WordCloud（）。

基本使用：在导入 wordcloud 包之后首先进行对象参数设置，然后加载词云文本并进行词云文件的输出。

具体操作的例子有许多。通过这些案例，我们可以看出，这些案例首先都会确定一个主题，然后围绕这个主题对数据进行提纯，而不是把所有的数据全部显示，然后让用户自己去发现数据背后所蕴含的意义。正如之前我们所说的那样，大数据可视化的步骤就是需求分析、建立模型、数据处理。需求分析的目的就是为了确定我们这个项目的主题，然后围绕这个主题，建立数据仓库模型，然后根据数据模型，对数据进行处理，即抽取、清洗转换和加载。在最后的加载中，通过一些图表，来达到使用户更加容易接受和理解的目的。

| 第六章 |
大数据安全

第一节　大数据安全的概述

一、大数据安全的含义

什么是大数据安全？

相对于传统的数据安全，大数据安全不仅仅指的是保护数据的完整性和真实性等问题。对于大数据的安全问题指的是对于整个大数据服务系统，即从大数据的采集、存储、算法的设计以及大数据服务系统的架构等多个方面和角度来分析潜在的问题以及相应的解决方案。

随着大数据时代的来临，各行各业都产生了大量的数据，而在这些数据中包含了大量的有价值的信息，分析数据中隐含的价值至关重要。就拿环保领域来讲，水质的检测、大气质量的检测等等，产生的数据以人工的方式处理已不能解决问题，但是其中却又包含着重要的信息，这些信息可以作为相关政策的参考，对于我国环保领域的发展至关重要。但是，这些数据目前也面临着一些问题。

角度不同，看待的问题也不尽相同。从技术层面来看，大数据依托的技术是 NoSQL（非关系型数据库）。但是 NoSQL 也存在着一些问题，其在维护数据安全方面并没有严格的访问控制和隐私管理工具。同时，数据的来源和格式不尽相同，对于这些数据的管理和机密性很难保证，同时"数据孤岛"现象目前来说很难解决。

从价值角度来讲，大数据的核心价值就是分析利用其隐含的信息，以此来分析制定某种决策等等，但是在数据分析技术的发展过程中也存在着一些问题。隐私泄露的新闻早已屡见不鲜，例如互联网巨头雅虎曾被黑客攻击导致大量账户信息泄露，我国爆发过"2000 万条酒店开房数据泄露"等等。

如何保证大数据的安全性，现已成为大数据发展的一个重要问题。

二、大数据安全的发展现状

大数据安全大致可以分成三个方面来讲：大数据平台安全、数据安全和个人隐私保护。大数据平台安全是对大数据平台传输、存储、运算等资源和功能的安全保障，包括传输交换安全、存储安全、计算安全、平台管理安全以及基础设施安全；数据安全包括：数据的完整性与真实性，同时保证数据不被泄露，包括数据加密、数据隔离、防止数据泄露等等，部分人员为了一己之利，而违法犯罪窃取、篡改原始数据，导致数据的安全存在重大的安全隐患，因此除了平台防护之外，数据安全防护对于数据的真实性至关重要；个人隐私保护，个人隐私保护是在数据安全的基础之上对数据的一种安全防护，在大数据时代，个人隐私保护并不简单的指保护个人隐私，而是在个人信息收集、使用的过程中尊重信息本人的意愿。

目前，虽然国内外在大数据平台安全、数据安全及个人隐私保护方面已经取得了一定的进展，但是情况仍然不容乐观。个人隐私泄露、大数据平台遭受攻击甚至崩溃的事件仍有发生。因此在保护个人数据隐私、数据安全等方面，现有的技术水平和实际的需求仍然有一定的差距。

（一）平台安全

随着信息技术的进步，数据的产生方式与数据来源多种多样，因此数据格式也不尽相同，数据中的潜在隐含信息也更加难以被人工的方式发现，企业、社会越来越依赖于大数据平台。因此，企业、社会对大数据平台的安全性要求也相应的提高。但是，大数据平台目前还存在着一些问题威胁数据安全。大数据平台依托的基础技术是 NoSQL 技术，但是此技术并没有设置严格的访问控制和隐私管理工具，因为大数据的来源及格式多样，企业很难定位和保护所有的数据。

（二）数据管理安全

随着数据安全的发展，人们在数据安全的监控方泄露技术方面取得了一定的成果。但是"数据孤岛"现象严重，数据共享存在较大困难，而且数据泄露的溯源技术亟待改进。现有的数据管理安全技术中，虽然密文技术、数据泄露追踪技术能够在一定程度上保证数据的安全，但是缺点也相对明显，在数据处理过程中会存在数据机密性和数据流动问题，但是目前这两种安全技术还不能够很好的处理这些安全引体，这导致其不能很好的满足当下的实际应用需求。

（三）个人隐私安全

随着人们防范意识的增强，数据隐私逐渐进入大众的视野。我们在分析大数据安全问题的时候，一般来说，数据对象是有明确对象的，可以是某个具体

图 6.1　安全体系架构

数据也可以是一个信息系统中的全体信息，而在涉及隐私保护需求时所指的用户"隐私"比较笼统，可能存在多种数据形态。而且，关于"隐私"范围的界定目前存有较大的争议。因此个人隐私安全并不仅仅是技术性的问题，其中也包含着法律、经济、道德等多种因素。仅仅依靠技术的发展并不能满足群众的对于隐私保护的迫切需求。

要保障大数据背景下个人信息安全，并不能仅仅靠某一方面的努力与改进，这需要法律、技术、经济等多个方面的共同完善并且相互配合，形成一套完整的数据保障体系。目前，数据脱敏技术受到了严重挑战，因为多源数据的汇聚可能导致数据脱敏技术失效。虽然匿名化算法有一定的优势，但是其缺点也相对明显，例如运算效率过低、开销过大等等，且匿名化算法目前少有实际应用案例。因此为了保证数据安全，还需要在算法的优化方面进行持续改进，并且完善相关的法律法规，多方面协同配合进而满足大数据环境下的隐私保护需求。

随着时代的进步，现阶段我国已充分的认识到大数据安全的重要性，并且为了保证大数据的安全，政府也采取和制定了相关的法律法规和相关政策。同时，政府在数据开放、数据跨境流通和个人信息保护等方向进行了时间探索。

三、大数据安全的重要意义

当今社会，人们的衣食住行都在产生数据。大数据已经被逐步应用于产业发展、政府治理、民生等领域，很大程度提高了人们的生产生活水平。在我们发展大数据的同时，非常容易出现政府的敏感信息泄露、个人隐私泄露等问题，给社会及个人产生极大的威胁。据统计，中国 78.2% 的网民个人身份信息被泄露过，包括姓名、学历、家庭住址、身份证号及工作单位等。其中，82.3% 的网民亲身感受到了个人信息泄露给日常生活造成的不良影响。如果让不法分子掌握了敏感数据，对社会将会造成难以估计的危害。因此，必须在技术和法律等领域不断的增强对数据的安全性的保护。

第二节 大数据安全的挑战

当今世界，大数据的价值及其重要性已不再有人质疑。因此，大数据安全的重要性不言而喻。一般来说数据越庞大，其中隐含的价值也就越大，安全性尤为重要，其面临的挑战也多种多样。因为大数据本身集中化的存储与管理模式，使其成为不法分子攻击的绝佳目标，近年来大数据安全事件频发，数据勒索和数据泄露问题日益严重。相比于大数据的扩张及社会对数据安全的需求，相应的安全技术有些滞后，面临着诸多的挑战。

一、基础设施安全

基础设施安全主要体现在分布式计算和数据存储的保护方面。

大数据的总体架构包括三层：数据存储，数据处理和数据分析。数据产生之后通过传输存储到某个特定位置，但是这些原始数据中包含一些噪音，并不能够直接利用其中的价值，因此需要进行数据处理等操作，对其进行降噪操作，使之成为质量比较好的数据，为后续的分析操作创造价值打下基础。云计算是目前应用比较广泛的一项技术，其关注点主要在于如何在一套软硬件环境中，可以为不同的用户提供服务。云计算为了提升对每个用户的服务质量，通过资源隔离方式，使每个用户彼此都不可见。大数据与云计算是密不可分的，两者都关注对资源的调度。它们也拥有各自的特色，大数据的特色在于海量的数据，通过对海量数据的分析操作挖掘其中的价值，但是它必须依托于云计算的分布式处理、分布式数据库、云存储和虚拟化技术。大数据是基于云环境运营的，云计算安全是以网络安全技术为基础的。采用云计算这种分布式的处理方式让挖掘海量数据中的潜在信息成为现实，但是与此同时也面临着如何保证分布式数据映射的安全，以及在不可信任的数据映射下如何确保数据安全的挑战。具体包括：计算节点配置错误或篡改导致计算结果错误或重要数据泄露；计算节点间通信的重放攻击、中间人攻击或拒绝服务等；以及伪造节点等方面的问题。

另一方面，在大数据系统中广泛使用的，以 NoSQL 为代表的非关系型数据库，从 NoSQL 的理论基础可以知道，由于数据多样性，非关系数据并不是通过标准 SQL 语言进行访问的。NoSQL 数据存储方法的主要优点是数据的可扩展性和可用性、数据存储的灵活性。而 NoSQL 也面临着一些挑战，具体表现在：缺少完整性保护；弱认证技术和弱口令，易遭受攻击和暴力破解；缺少基于角色的访问控制和授权机制；防注入攻击的方案不成熟等。

二、数据管理安全

数据管理安全是指针对分布式可扩展数据集的数据存储、审计和溯源安全方案。因为数据量庞大，单台计算机不可能将整个数据存储下来，因此分布式数据集在大数据系统中广泛应用。然而，这也带来了一些问题，因为数据所有者与物理存储系统的分离，以及不可信、不一致的存储和安全策略的原因，分布式可扩展数据集产生了新的漏洞。主要表现在：数据保密性和完整性无法保证、拒绝服务攻击风险、副本间的一致性无法保证、数据篡改存在纠纷和抵赖等。

三、数据隐私

大数据的挖掘和分析，为隐私的获取提供了可能。以往数据隐私问题不突出主要是人们的隐私保护意识不高，同时流动范围有限，并且数据属于企业资产，局限于企业内部使用。但是现如今我们互联网高度发达的时代，数据量大、流动范围广、速度快，多种方面多种渠道的数据累计起来形成多元数据，一些不法分子和别有用心的人通过数据关联性分析，进而导致数据隐私的泄露。

放眼世界，我国在移动支付、共享经济等新兴数据领域处于世界前列。当今社会互联网早已和我们的日常生活息息相关。网购推荐、会员个性化定制服务，等等，这些都是基于我们在日常生活中产生的数据，通过大数据技术进行分析挖掘，得到针对我们每个人的针对化和定制化的服务。然而我们在享受这些独特服务的过程的同时却在主动或者被动地出让一些有关我们个人隐私的数据。因此在数据挖掘过程中，可能会存在侵犯或者泄露隐私、侵入式影响、降低公民自由等风险。如何避免公司内部及合作伙伴对隐私数据的滥用，以及共享数据的匿名处理也是目前所面临的难题。

数据来源于我们日常生活的方方面面，而在社会上，因为企业不同、部门不同，数据的格式也不尽相同。随着社会的发展，数据的来源及格式也越来越多，而大数据分析也越来越侧重于处理来源不同的数据，然而不同的数据来源对数据的法律和政策限制、隐私策略、共享协议等方面也存在着差异。因此如何进行更精确的访问控制也是大数据安全所面临的一项挑战。

第三节　大数据安全防护技术

一、基础设施安全

大数据基于云计算环境，云计算安全基于网络安全技术。网络安全技术主要包括物理安全技术、网络结构安全技术、系统安全和管理安全技术。本小节主要从加密技术、认证技术、访问控制这几个方面来分析关于大数据基础设施安全的防护技术。

(一) 数据加密技术

所谓的数据加密技术意味着明文通过加密密钥和加密算法变成了无意义的密文，而接收方则通过解密算法和解密密钥将密文恢复到明文。数据加密技术对于数据安全非常重要。数据加密不仅服务于数据加密和解密，也是身份认证、访问控制以及数字签名等各种安全机制的基础。

传统的数据加密技术可以分为两种：对称加密和非对称加密。

1. 对称加密

顾名思义，对称加密意味着加密者和解密者使用相同的密钥。在对称加密算法中，数据发送方将密钥和信息一起加密，并转换成复合密码密文。一方面，数据接收方通过加密密钥和加密算法的逆过程对密文进行解密，使密文成为明文。对称加密从头到尾只有一个密钥，数据的发送方和接收方使用相同的密钥进行加密和解密。如图6.2所示。

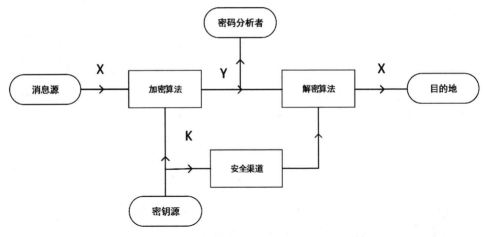

图6.2 对称加密

2. 非对称加密

非对称加密包括一组密钥：一个公钥和一个私钥。两者都可以加密和解密数据，但如果数据是用公钥加密的，则必须用相应的私钥解密。如果数据用私钥加密，则只能用对应的公钥解密。非对称加密算法加密和解密使用不同的密钥，因此称为非对称加密。非对称密码算法的强度是复杂的，其安全性取决于算法和密钥。但是由于算法的复杂性，加解密速度比对称加解密速度慢。在对称加密技术中，加密和解密都是使用同一个密钥而非公开的。如果需要解码，接收者需要知道密钥。因此，为了安全起见，非对称密码系统有两个密钥，其中一个是公钥，因此不需要发送数据发送方的密钥。因此，安全性大大增强。如图 6.3 所示。

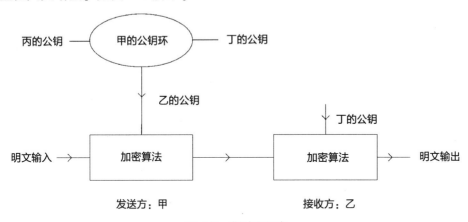

图 6.3　非对称加密

（二）认证技术

认证是一种组织入侵者非法进行信息攻击的技术。身份验证是指验证经过身份验证的对象是否真实有效的过程。基本思想是通过验证被认证对象的属性来验证被认证对象的真实性。它的主要特点是：①验证消息完整性。②身份认证。③验证消息序列号和操作时间。认证对象的属性可以是密码、数字签名等。身份验证通常用于验证通信方的身份，以确保通信的安全。

认证体制相关技术包括：数字签名、消息认证和身份认证。

1. 数字签名

数字签名在 ISO7498-2 标准中被定义为：附加到数据单元的数据或数据单元的加密转换，数据单元的接收者检查数据单元的来源和数据单元的一致性并保护数据不被伪造。简而言之，所谓的数字签名就是附加在数据单元上的数据或数据单元的密码转换。数据签名主要是为了让数据接受者用来确认接收到的数据是否是发送者发送的数据，没有经过它方进行伪造冒充更改。这是一种以电子方式进行签名信息的方式。签名信息可以通过通信网络发送。公钥和私钥密码体制都可以获得数字签名。包括常规数字签名和特殊数字签名。

主要功能：

（1）防冒充。只有签名者知道私钥，所以其他人不可能创建正确的私钥。

（2）可鉴别身份。传统的手写签名通常是在双方亲自见面时进行的，因此可以识别他们。这种效果在网络环境中是无法实现的，因此接收方必须能够对发送方请求的身份进行认证。

（3）机密性。有了机密性保证，截收攻击也就失效了。手动签名的文件（如文本）不具保密性。当文件丢失时，其中的信息极有可能被泄露。数字签名可以加密你签名的消息。当然，如果签名不需要保密，可以省略加密。

2. 消息认证

消息身份验证是对消息完整性的验证。当接收方收到来自发送方的消息时，接收方可以验证收到的消息是否真实且未被篡改。这有两层含义：一是确保信息的发送者是真实的，而不是虚假的。换句话说，数据源身份验证。另一个是确保信息在传输过程中不被篡改、重播或延迟。

3. 身份认证

身份认证又被称为"验证""鉴权"，是指通过一定的方法，完成对用户身份的确认，明确用户对资源的访问和权限。身份认证是通过证据和实体身份的结合来实现的。通俗的来讲，就是一个人必须有证明其身份的证件或者其他信息才能使用某种权限。比如，在现实的生活中，一个人可以通过密码、暗号、身份证、银行卡、指纹等等方式来证明身份，网络中身份认证的方法与此类似。

身份验证的方法有很多，基本上可以分为：基于共享密钥的身份验证、基于生物学特征的身份验证、基于公开密钥加密算法的身份验证。对于不同的身份验证方法，其安全性也有所不同。

（1）基于共享密钥的身份验证。

基于共享密钥的身份验证使用的技术就是上文介绍的对称加密技术。具体是指服务器端和用户使用的同一个或者同一套密码。当用户需要进行身份验证的时候，用户通过输入密码提交到服务器端，服务器端在接收到用户所提交的密码之后，检查密码与服务器本身保管的密码是否一致，若一致，就判断此用户为合法用户，允许其进行权限之内的相应操作。若不一致，身份验证失败，判断为非法用户，拒绝接入。

目前使用基于共享密钥的身份验证服务有很多。如：维基百科、大多数的网络接入服务。

（2）基于生物学特征的身份验证。

这种方法是使用用户的生物学特征来对用户的身份进行验证，常见的验证方法有：指纹识别、虹膜识别、面部识别等等。因为它使用的是用户的个人物理特征来进行身份验证，而现实世界中每个人的生物学的特征都是独一无二的，基本上可以无视不同的人有相同生物量的可能性。因此这种方法的验证安全性很高。

（3）基于公开密钥加密算法的身份验证。

公钥加密算法是非对称加密算法。有公钥和私钥两种密钥。基于公钥加密算法的认证意味着通信双方当事人分别保存公钥和私钥。一方用私钥加密特定数据。另一方面，对方用公钥解密数据。如果解密成功，则用户将被视为合法用户，否则就认为是身份验证失败，是非法用户。

使用基于公开密钥加密算法的身份验证的服务有：数字签名，KPI 等等。

（三）访问控制

1. 访问控制的概念和任务

访问控制是对未经授权使用资源的一种防御。也就是说，它确定用户是否有权使用或修改特定资源，并防止未经授权的用户滥用该资源。目的是限制访问用户对访问对象的访问权限。

访问控制主要包括三个方面的内容：

（1）认证：确认访问用户合法的身份，如果用户身份非法则认证不通过，拒绝访问。

（2）访问控制：根据规则来监控合法用户对资源的有效使用，在访问的过程中同时防止敏感数据泄露。监控合法用户是否有越权使用资源的行为。

（3）审计：通过监控和记录系统中的相关活动，进行事后分析。

访问控制模型如图 6.4 所示。

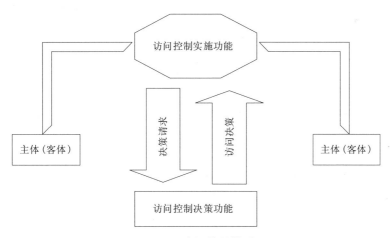

图 6.4　访问控制模型

访问控制的作用可以分为三个主要方面。首先是机密性控制，可以防止对数据资源的未授权读取。另一个是完整性控制，防止数据资源被篡改。三是有效控制，防止数据资源被非法用户使用和破坏。访问控制是用户以法人身份进入系统后，通过监控器对用户访问数据的控制。监控器通过查询权限库来验证用户的权限，防止用户进行越权操作。权限库是由系统管理员根据系统安全策略的授权进行设置、管理和维护。

访问控制的主要任务是防止未经授权使用网络资源。这是保护网络系统和资源的重要方式。访问控制包含三个组件：

（1）主体：提出申请数据资源访问操作的请求方（用户、主机等）。

（2）客体：请求方申请访问的资源（数据、存储单元等）。

（3）安全访问控制策略：主体访问客体的过程中需要遵守的访问规则。

在访问控制系统中，主体对客体的访问权限是由系统的授权来决定的。同时主体和客体的关系并不是固定的，主体和客体的关系可以相互转化，一个主体被另一个主体访问时，就成为访问目标（客体）。

2. 访问控制分类

由于实现的基本概念不同，访问控制可分为以下三种。

（1）自主访问控制。

自主访问控制机制是一种灵活的保护策略，它可以根据对象的属性制定相应的保护策略。DAC 通常使用允许列表（或访问控制列表）来限制哪些主体可以对哪些对象执行哪些操作。这样，它在调整战略方面具有很大的灵活性。由于其易用性和可扩展性，自治访问控制机制在商业系统中经常使用。

（2）强制保护策略。

用于保护系统确定的对象和用户无法修改的对象。也就是说，系统不依赖用户的操作来实施访问控制，并且用户不能更改对象的安全级别或安全属性。这种访问控制规则通常根据数据和用户的安全级别对其进行标记。访问控制权限通过比较安全标志确定是否向用户提供对资源的访问权限。

（3）基于角色的访问控制。

数据库系统可以采用基于角色的访问控制策略，建立角色、权限和帐户管理机制。其基本思想是数据库操作的各种权限不直接授予特定用户，而是在用户集和访问权限集之间建立角色设置。每个角色对应于相应的访问权限集。如果为用户分配了适当的角色，则该用户拥有此角色的所有操作权限。这样做的好处是，只要为用户分配了相应的角色，就不需要每次创建用户时都分配权限，只要分配了用户的相应角色，并且角色的权限变化比用户的小得多，这将简化用户的权限管理并降低数据库的成本。

基于角色的访问控制的基本概念是：权限，主体可以对客体执行的操作。角色，就是权限的集合。会话，会话是用户的活动进程，代表用户与系统的交互。其控制模型如图 6.5 所示。按照标准，每个会话都是一个映射，从一个用户到多个角色的映射。当用户激活所有角色的子集时，将建立会话。活动角色：会话配置从一个用户到多个角色的映射。也就是说，它激活用户允许的角色集的特定子集。这个子集称为活动角色集。

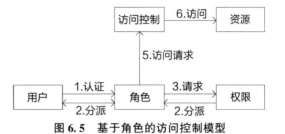

图 6.5　基于角色的访问控制模型

二、数据管理安全

数据管理安全主要指大数据平台数据治理领域的安全，从数据采集、数据存储、数据处理、数据减缓、数据归档等阶段保护数据安全和用户隐私。本节从数据管理层面对数据溯源、数据水印、完整性保护等技术进行介绍。

（一）数据溯源

数据溯源起源于 20 世纪 90 年代。这通常被理解为跟踪数据的来源并再现数据的历史状态。目前，没有公认的定义。在大数据领域，数据溯源是对原始数据在整个生命周期各个环节的操作进行记录，进行标记定位。以溯源技术为核心，根据标记定位再现数据演化过程。数据历史存档跟踪查明链接和问题的责任人，以确保的数据安全。

目前，数据溯源的主要方法有标注法和反向查询法。

标注法是一种比较简单的数据溯源方法，是一种基于数据操作记录的方法，应用广泛。标注法通过随着数据的演变对记录进行处理来跟踪数据的历史状态，即通过标记来记录原始数据的一些重要信息。这种方法很简单，但需要额外的空间来存储标签信息。

反向查询法，同标注法一样也是一种基于对数据记录操作的一种溯源方法，有时也被称为逆置函数法。这种方法通过逆向查询或者构造逆向函数对查询求逆，或者根据转换过程反向推导，由结果追溯到源数据的过程。

（二）数据水印

数据水印是将一些特定的标识信息嵌入到原始数据中，但是这并不影响数据的使用。通俗地讲，就是对数据增加了一种防伪信息。数据水印的方法一般分为两种：可见水印和不可见水印。可见水印，和原始数据一样，表示能够被用户看见。而不可见水印表示并不能够直接被用户看到，必须通过特定的水印提取方法才能看到。数据水印的设计一般遵循以下原则。

（1）难以伪造。水印信息应当是难以被伪造的，否则达不到嵌入水印的目的。

（2）水印信息不能影响原始数据的使用，不能更改其中的信息。

（3）应当具有一定的健壮性。对原始数据进行一定的操作之后，水印信息不应当消失或者达不到水印的效果。

（4）安全保密。数据水印系统使用一个或者多个密钥以确保安全，防止更改和擦除。

数据水印的主要功能如图 6.6 所示。

数据水印产品支持多种场景和四种完全不落地的数据水印方案：库到库、库到文件、文件到文件和文件到数据库。它可以为政府、涉密机构、金融、证券、银行等数据密集型和信息敏感行业的数据共享建立有效的可追溯机制。如果数据泄漏，在操作过程中，将向用户生成的数据添加数据水印。数据水印允许非常快速地追溯到操作用户的身份、执行的操作等。同时，数据水印技术可以单独部署，也可以与脱敏技术结合使用，以提高数据共享的安全性和可追溯性。此外，重要商业信息和高价值数据，在公示、数据挖掘等场景中存在被盗用或侵权风险。通过水印系统将水印注入数据资产中，可以更好地跟踪数据来源。它为数据提供版权保护，避免因版权问题而引起的旷日持久的纠纷和诉讼。

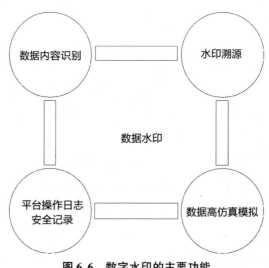

图 6.6 数字水印的主要功能

（三）完整性保护

数据的完整性对整个数据来说非常重要。数据加密等技术并不能够百分之百保证数据完整性。大数据平台的数据完整性要求数据从产生、传输、存储、使用整个过程中都要保证数据的完整性，以保证数据不会被非法用户篡改和破坏，又或者说数据在被篡改破坏之后能够被及时发现，防止造成损失。完整性保护主要可以分为两个方面：数据库完整性保护、数据完整性保护。

1. 数据库的完整性保护

数据库的完整性保护主要是为了保证存储在其中数据的完整性和相容性。数据库的完整性保护一般情况下都是对数据库中的某些关系模型提出约束条件或者规则，以达到防止数据库中存在不符合语义规定的数据，同时防止错误信息的输入。数据库完整性包括三个内容：实体完整性规则，参照物完整性规则以及用户定义完整性规则。

（1）实体完整性规则：这是数据库完整性的一项基本要求，要求基本表中的关键字不能为空值，且主关键字和元组的唯一性对应。

（2）参照完整性：不允许引用不存在的元组用。

（3）用户定义完整性：根据不同的数据环境进而设置相应的规则，它反映了根据需求不同、应用不同制定相应的语义要求。

完整性规则主要分为三个部分：完整性约束设置、完整性约束检查和完整性约束处理。后两部分一般由数据库中相应的模块进行处理。此外，触发器还可以保护完整性，但触发器在主动性领域得到了广泛的应用。

2. 数据的完整性保护

前面已经讲到了数据加密技术，但是数据加密并不意味着数据的完整性；你可能根据保密需要对数据进行了加密操作，但可能没有验证这个数据的完整性。单单使用加密技术可以保证数据的保密性，但完整性还需要使用消息认证码（MAC）。对加密数据使用消息认证码的最简单方法是在密码分许链接（CBC）模式中使用块对称算法，并包含单向散列函数。

大数据平台应尽可能地利用数据库中提供的完整性保护机制来保护数据的完整性。但是仅仅依靠数据库中的完整性机制并不够，它只能防止不满足数据库完整性机制的数据篡改，并不能够防范满足规则的数据篡改。

大数据平台需要满足以下安全特性。

（1）应该防止非法用户使用一条记录覆盖另一条记录的方式实现对数据的篡改。

（2）采用标准的哈希认证码算法。

（3）相同的字段值每次生成的认证码应该不同。

三、隐私保护

随着人们隐私意识的增强，为满足用户保护个人隐私的需求及相关法律法规的要求，大数据隐私保护技术需要确保公开发布的信息不泄露任何用户的敏感信息，与此同时，在保证不泄露用户隐私的前提下，必须保证数据的可用性。因此如何在不泄露用户隐私的前提下，提高大数据的利用率，挖掘大数据的潜在价值，是目前大数据研究领域的关键问题。

典型的隐私保护技术手段包括匿名处理、泛化、抑制、扰动等。

（一）匿名处理

匿名技术：在公开发布的数据中，通常会包含用户的一些敏感信息，因此在公开发布数据之前，需要对数据进行一定的处理，使用户的隐私信息免遭泄露。

一般的，用户更希望攻击者无法从数据识别出自身，更别说窃取自身的隐私信息了。

数据发布的匿名性：在保证已发布信息和数据的公共可用性的前提下，隐藏公共数据记录与特定个人之间的对应关系，以保护个人隐私。事实证明，作为一种匿名实现方案，仅仅删除数据表中与用户 ID 相关的属性并不能达到预期的效果。现有的解决方案包括静态匿名技术、个性化匿名和加权匿名。后两类为每个数据记录提供了不同程度的匿名保护，减少了不必要的信息丢失。

（二）泛化

降低数据准确性并使其匿名化的方法称为泛化。该算法以实例的多属性泄漏风险作为等价类的分类标准，对数据集进行广义化，以降低实例的多属性泄漏风险和实例的完全泄漏风险。一方面，改进了决策泛化算法的中断标准。另一方面，泛化数据集的结果通过使用不同的等价类划分标准，提高了不同划分的隐私保护效果。分析了算法的标准。泛化是在分类后隐藏或抑制数据，使其无法与同一等价类的数据区分开来的操作。广义数据不能完全抵抗链接和背景知识攻击造成的泄露，但可以减少相应攻击下的隐私泄露。

泛化主要有以下几种方法：二元搜索、完全搜索、先验动态规划等。

（三）抑制

抑制是一种最常见的数据匿名措施，通过将数据置空的方式限制数据发布，完全不显示部分（或所有）记录的以下属性值。

（四）扰动

扰动是表示，在数据发布之前在原始数据中添加一些噪声，包括增、删、改等操作，使得发布的数据和原始数据存在一定的差异，令非法用户无法区分真实数据和噪声数据，从而达到隐私保护的目的，插入噪声是一种比较常用的数据扰动技术。扰动数据独立于原始数据，因此它只保留原始数据的统计信息和相关性，在特定样本的值上与原始数据没有联系。因此，无法从扰动样本中获得原始样本的值。一般来说，噪音越大，隐私保护越高，但数据越不实用。嵌入噪声的方法适用于处理定量数据，对分类数据会产生较大的噪声。

| **第七章** |

生态环境信息资源整合共享

生态环境信息资源整合共享通过对生态环境多源数据集成、数据深度治理、数据全面共享三个方面的建设，进一步支撑生态环境信息资源协同共享、高效监管、服务科学决策的目标，为实现精准治污、科学治污，推动生态环境现代化治理体系和治理能力，构建多部门联合作战体系提供数据协同支持。

第一节 生态环境信息资源整合共享概述

生态环境信息资源整合共享是对数量巨大、来源分散、格式多样的数据进行采集、存储和关联分析，从中发现新知识、创造新价值、提升新能力的新一代信息技术和服务业态，推动生态信息资源整合互联和数据开放共享，促进业务协同，推进大数据建设和应用，提升生态环境治理能力，为实现生态环境质量总体改善目标提供有力支撑。下面将从生态环境信息资源整合定义、目前的进展现状和存在的问题以及共享整合重要意义三个层面进行阐述。

一、生态环境信息资源整合共享定义

生态环境信息资源是指表征生态环境问题及其管理过程中各固有要素的数量、质量、分布、联系和规律等的记录、保存的文件、资料、图表和数据等各类信息资源，包括生态环境系统各部门直接或间接通过第三方依法采集的、依法授权管理的和因履职服务需要依托政务信息系统形成的信息资源等。环境信息资源属于国家公共资源。

生态环境信息资源整合共享是指对在不同区域、管理单元中分散存储和管理的各类生态环境信息资源，利用各种技术、方法和途径，将其联结成一个结构有序、管理一体化、配置合理的有机整体，使信息资源在时效、区域、部门数量上的分布更加合理，最大限度地满足用户信息资源需求的过程。

二、生态环境信息资源整合共享现状及问题

2018 年以来，为深入贯彻落实习近平生态文明思想和习近平总书记关于网络强国的重要指示，根据党中央、国务院关于网络安全和信息化的部署要求，围绕生态环境业务管理实际需求，生态环境部整体推进信息化机构队伍、资金管理、数据管理、领导机制等四方面改革创新，实施统一规划、统一标准、统一建设、统一运维和数据集中、资金集中、人员集中、技术集中、管理集中（简称"四统一、五集中"），解决"散、乱、弱"等突出问题，加速推进信息化统一集中的建设进程。地方部门结合自身工作需求，积极探索物联网、大数据、"互联网+"、智慧环保等创新应用，取得了各具特色的工作成果。

为更好推动政务信息资源整合共享，根据《国务院关于印发政务信息资源共享管理暂行办法的通知》（国发〔2016〕51 号）（简称《管理办法》）、《国务院关于印发"十三五"国家信息化规划的通知》（国发〔2016〕73 号）等有关要求，国家又制定了《政务信息系统整合共享实施方案》（国办发〔2017〕39 号）（简称《实施方案》）。《管理办法》是专门针对信息资源共享的指导性文件，提出了信息资源共享的原则和要求，而《实施方案》的出台，有望解决困扰我国政务信息化发展多年的老大难问题，从根本上改变"各自为政、条块分割、烟囱林立、信息孤岛"的局面，让信息多跑路，让群众少跑腿，让治理更有效，让人民更有获得感。2021 年国务院发布了《国务院办公厅关于建立健全政务数据共享协调机制加快推进数据有序共享的意见》（国办发〔2021〕6 号），指出建立健全政务数据共享协调机制、加快推进数据有序共享，要坚持统筹协调、应用牵引、安全可控、依法依规，以业务协同为重点，加强技术创新、应用创新、模式创新，全面构建政务数据共享安全制度体系、管理体系、技术防护体系，打破部门信息壁垒，推动数据共享对接更加精准顺畅，提升法治化、制度化、标准化水平。

党的十八大以来，党中央、国务院不断加强生态环境治理的顶层设计和路径规划，将生态文明建设作为执政理念上升为国家战略。但是，我国环境形势整体上仍然十分严峻，环境政策在制定、执行和评估的整体过程中一定程度上存在部分环境数据管理难题。

（一）生态环境数据分散化和"部门私有化"，造成政府环境决策受限、管理割裂

一方面，我国地域宽广、环境问题复杂多样，种类庞杂的生态环境数据被

分散掌握在不同的政府管理部门、企业、研究机构手里，导致环境资源归属和数据存在分散化和"部门私有化"的特点，政府环境决策面临严峻的"数据烟囱"和"数据孤岛"问题，阻碍政府环境信息资源的整合利用。另一方面，经济发展及经济效益具有个体性、局部性、内部性，环境保护及环境效益却具有较强的公共性、整体性、外部性，环境污染与污染传输不受行政辖区界限的限制，但环境管理的属地特征往往导致环境治理遭遇重重难题：上游环境污染，下游跟着遭殃；下游要求赔偿，上游不愿赔偿；上游生态建设，下游免费搭车；上游要求补偿，下游不愿付费。地方政府的环境决策往往对经济效益和政治绩效的考量优先于生态效益和环境公共利益，拒绝生态环境数据的信息共享互通，不利于环境污染和生态保护的系统治理和综合治理。

（二）生态环境数据资源整合程度不够，导致应用支撑不足

当前国内各地生态环境部门都建设了生态环境数据资源中心，实现了主体生态环境数据资源的汇聚。但目前主要实现了数据的物理汇聚，数据汇聚之后如何进行标准化、统一化、关联化，如何实现主数据的统一管理，如何按业务需求实现从原始库到主题库到应用库的转变，以及如何对数据进行标签和深层次的计算分析，如何实现时空数据多维融合，还处于比较初级的阶段，也就是数据和数据之间还没有产生良好的"化学反应"，因此，对上层应用的支撑作用也还没有完全发挥出来。

（三）生态环境数据共享开发利用程度不足，导致政府环境政策创新效率低下

当前政府环境决策面临着一些数据开发难题。一方面是全球化时代生态环境数据泛滥、汗牛充栋，另一方面是政府环境治理需要的有效生态环境数据沉睡、开发不足；一方面是社会对政府生态环境数据的开放需求极为旺盛，另一方面是政府公开的大量生态环境数据利用率很低。如何进一步扩大环境生态数据开发的深度和广度，真正将数据资源转化为智力资源，如何鼓励企业积极利用政府生态环境数据进行创新，让大数据真正成为绿色创新、绿色竞争和绿色生产力的下一个前沿领域，如何运用大数据推动绿色技术革新、环境治理变革、环境管理体制改革，是大数据时代环境治理创新必须认真思考的问题。

三、生态环境信息资源整合共享重要意义

（一）提升对环境业务应用支撑能力

通过生态环境信息资源整合共享平台实现了生态环境数据的共享能力、数据加工服务能力、数据深层应用能力的提升，可以为日常环境管理业务提供以下全方位的支撑作用：

1. 通过数据共享能力的提升，加强污染源联合监管，提升环保工作效率

基于污染源"一源一档"、业务分析报表和专题分析页面建设内容，形成了数据共享体系，提供数据共享服务。数据共享体系的数据内容丰富多样、共享机制健全合理，共享服务面向日常工作过程。通过共享体系的建设，扩展了数据共享范围，加大了数据共享力度，节约了数据查找时间，提升环保系统的工作效率，为环境的联合监管奠定基础。

2. 通过数据加工服务能力的提升，及时响应环境管理多变的数据需求

从数据预警到问题源头查找，从锁定源头到原因分析，从分析问题到制定解决方案，利用多方位的数据加工服务，及时响应多变的环境管理需求。

3. 通过数据深层应用能力的提升，驱动环境管理业务优化与创新

无论是数据共享服务还是数据加工服务，最终的目的都是在目前环境数据管理无序的环境下，通过对数据的深层分析应用，寻找出新的、有引导意义的环境业务管理模式，驱动环境业务的优化和发展。通过数据的深层次应用，驱动环境管理业务不断地创新，满足日益升级的环境管理要求，实现环境质量的改善。

（二）提高管理决策的数据支撑能力

通过建立生态环境信息资源整合共享平台，挖掘数据的潜在价值，提升环境信息资源的开发利用水平，并将数据分析应用中逐步积累的经验应用于业务管理模式优化中，提高环境管理的工作成效。同时通过对各项环保政策的预测与分析，深入探索政策潜在的影响和结果，对环保业务规划和发展策略的制定提供科学的依据，减少政策的风险，扩大政策影响范围，最终实现利用信息驱动环保业务优化，达到提高分析决策的数据支撑能力的目标。

（三）提升生态环境公众服务能力

通过数据资源汇聚整合共享，一方面加强对企业的综合服务，实现企业多办事少跑路、多事项少填报、多服务少问题、多事前提醒少事后问责，全面打造政企亲清关系；另一方面，基于数据资源整合共享，公众和相关单位会获取更多的生态环境信息，从而发挥全社会对生态环境共同参与共同治理的作用；同时，通过数据整合共享，相关单位会获取相关的生态环境信息，从而在政府治理、企业监管、民生健康等各方面发挥更大的价值。

第二节　生态环境信息资源体系

构建生态环境大数据资源体系，通过数据资源规划，对环境数据资源进行整体梳理，通过数据体系建设，构建规范的分类体系，并基于此进行完善的数据库设计，最终形成数据完整、结构清晰、分类合理的生态环境大数据资源体系，为数据规范存储和管理奠定基础。

一、生态环境数据资源规划

数据资源规划是生态环境大数据资源共享建设过程的一个重要环节，是实现大数据资源共享建设最终目标的基础保证。通过对生态环境数据进行规范的数据资源规划，可理清数据项之间的关系，为数据综合应用打下坚实的基础。通过资源规划为基础建立数据体系，并且利用资源规划的成果指导数据库体系的设计，并通过对各类资源进行区分、归类，指导资源目录体系设计。同时，可把分散的、标准不一的数据进行梳理整合，实现由数据到信息的转化，为科学决策和有效管理提供信息支持。

数据资源规划的主要作用如下：

（1）为生态环境数据资源共享提供有力的基础支撑。

①摸清生态环境大数据资源"家底"、说清数据现状；

②梳理生态环境大数据资源体系；

③支撑生态环境大数据应用数据库体系设计与建设；

④指导标准规范编制。

（2）规范业务系统建设。

①统一数据标准；

②规避重复采集。

（一）数据资源规划策略与方法

1. 数据资源规划策略

考虑到涉及众多的生态环境业务数据，在进行数据资源规划时，需要采取一定的策略，使复杂的规划过程条理化，保证规划过程的整体质量。数据资源规划的整体策略包括如下几方面的内容：

（1）明确界定数据资源规划的数据范围：完全按照生态环境部门内部现有的数据资源范围进行资源规划。

（2）明确界定数据资源规划的职能域范围：通过对建设项目管理、环境质量监测管理、环境税管理、环境执法管理、环境统计管理、污染源监督性监测管理、污染源自动监控管理、排污许可证监管、固废与化学品监管、其他外委办厅局数据等内容进行具体的数据资源规划。基于环境统计数据元、污染源监督性监测数据元和污染源自动监控数据元已经有的数据元标准，将直接继承和使用这三大职能域的数据元素集。

在业务需求分析的基础上，几大职能域之间的主要关系如图 7.1 所示。

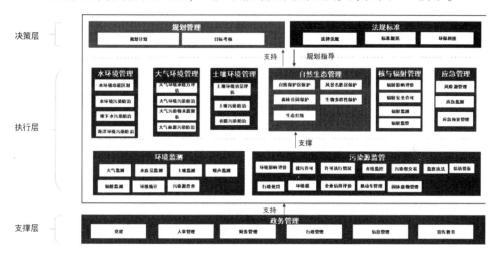

图 7.1 生态环境大数据资源规划–职能域关系图

（3）单个职能域按照数据资源规划的方法进行具体的规划：按照数据资源规划的方法对建设项目管理、环境质量监测管理、环境税管理、环境执法管理、环境统计管理、污染源监督性监测管理、污染源自动监控管理、排污许可证监管、固废与化学品监管、外部委办厅局管理数据等多个生态环境保护职能域进行资源规划。需要说明的是各职能域的数据资源规划过程中，将不进行数据流的量化分析。

（4）汇集数据元素集：在各职能域数据元素整理的基础上，形成环境资源中心数据元素集。基于不同职能域重复使用很多基础的数据元素，在数据资源规划过程中，需要对公用的数据元素进行提取，形成污染源基本信息数据元集、环境质量基本信息数据元集和公共编码数据元集，最终形成环境信息资源中心平台完整的、分类清晰的、不重复的数据元素集。

2. 数据资源规划方法

数据资源规划的具体方法主要包括用户视图分析、数据流分析和形成数据元素集三大部分，如图 7.2 所示。

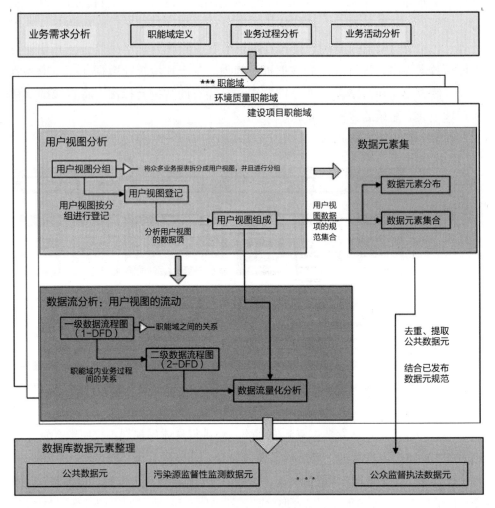

图 7.2　数据资源规划方法图

（1）用户视图分析（业务表单分析）。

用户视图（user view）是一些数据的集合，它反应了最终用户对数据实体的看法。基于用户视图的信息需求分析，有利于发挥业务分析员的知识经验，建立起稳定的数据模型。

用户视图分为三大类，即输入大类、存储大类、输出大类。每大类又分为四小类，分别是单证/卡片小类、账册小类、报表小类、其他小类。在进行用户视图分析过程中，需要明确每一个用户视图所属的分类，并且对用户视图按职能域、大类、小类进行的编码，这类编码称为用户视图标识。

（2）数据流分析。

数据流是业务域的流动，数据流分析能很好地反映具体业务数据的流向，直接反映数据之间的关系，数据由谁产生由谁利用。数据流分析首先要绘制一级和二级数据流程图，数据流程图的作用包括：便于用户表达功能需求和数据需求及其联系；便于两类人员共同理解现行系统和规划系统的框架；清晰表达数据流的情况；有利于系统建模。

（3）职能域数据元素集。

对用户视图的组成进行分组登记后，就可以清楚得出各用户视图的所有数据项内容。基于不同用户视图可以重复使用很多数据项或数据元素，在数据资源规划过程中，需要针对具体的核心业务，对公用的数据元素进行提取。

数据元素在用户视图中的分布是指同一数据元素可能出现在哪些用户视图中。出现频率越多的数据元素，越有可能是共享的数据元素。数据元素在用户视图中的分布分析，在消除"同名异义"数据元素的处理过程中也会发挥引导作用，可以作为数据质量控制的一个基础环节。

（二）数据资源规划业务分析

根据数据资源规划的要求，首先要做好数据资源规划，其次要对环境信息资源所涉及的环境管理职能域进行划分，然后对职能域内业务过程和业务活动进行详尽分析后才能进行数据体系的设计，对数据资源规划的业务需求分析如下文所述。

1. 职能域分析

建设相关的环境环保业务划分为 10 个职能域，分别为：

（1）建设项目管理职能域；

（2）排污许可证管理职能域；

（3）固废危废监管管理职能域；

（4）总量核查管理职能域；

（5）环境质量监测管理职能域；

（6）环境监察执法职能域；

（7）环境统计管理职能域；

（8）污染源监督性监测管理职能域；

（9）污染源自动监控管理职能域；

（10）外委办厅局管理职能域。

2. 对业务过程和业务活动进行分析

针对 10 个职能域分析每一个职能域中的业务过程，并对业务工程中的业务活动进行分析，具体情况见表 7.1。

表 7.1　业务框架构成表

序号	职能域	业务过程数量	业务活动数量
1	建设项目管理	3	7
2	环境质量监测管理	1	7
3	环境监察执法	3	8
4	环境统计管理	1	4
5	污染源监督性监测管理	1	3
6	污染源自动监控管理	1	4
7	排污许可证	1	3
8	固废危废监管	1	3
9	总量核查	1	3
10	外委办厅局	1	2
	合计	18	55

（三）数据资源规划数据分析

以建设项目管理为例：

业务需求分析中对建设项目管理职能域的主要业务过程和业务活动进行了初步的分析，本章节将对该职能域主要业务过程所涉及的各类数据资源，进行用户视图分析和数据流分析，形成该职能域的一级和二级数据流，并且对该职能域的数据元素进行整理。

1. 用户视图分析

（1）用户视图分组与登记。

建设项目管理业务主要涉及的表单（样表）包括：建设项目竣工环境保护验收申请登记卡、建设项目环境影响登记表、建设项目竣工环境保护验收登记表等。针对主要的业务表单，将形成建设项目管理的用户视图分组，每组用户视图组包括多个用户视图。

（2）用户视图组成登记设计。

在建设项目管理用户视图登记的基础上，需要对每个用户视图进行组成登记，即具体说明每个用户视图由哪些数据项内容组成，定义每个用户视图的数据项。

（3）数据流分析。

对一级数据流及二级数据流进行分析，绘制一级及二级数据流图，建设项目管理一级数据流图，主要描述了建设项目管理职能域与其他职能域和外部单位之间的数据流向。建设项目管理二级数据流图，主要描述了建设项目管理中各用户视图分组之间的数据流向，其中流程图中的处理框对应建设项目管理中的几个主要业务过程。

2. 数据元素整理

建设项目管理数据元素集主要包括环境评价数据元、建设项目试运行数据元、建设项目竣工环境保护验收数据元、建设项目备案数据元四大类，每一类都包括多项数据元。

（四）大数据资源中心元素集整理

根据数据资源规划中数据元素的整理结果，针对元素集进行整理和统计。

1. 污染源基本信息数据元素集

污染源基本信息数据元素集主要包括基本信息数据元、排口信息数据元、数采仪及在线监测设备数据元、污染源关联关系数据元、主要产品及原辅材料数据元、生产设备（设施）及生产工艺数据元、污染治理设施数据元六大类，每一类都包括众多数据元。

2. 环境质量基本信息数据元素集

环境质量基本信息数据元素集主要包括水环境质量基本信息数据元、大气环境质量基本信息数据元、噪声环境质量基本信息数据元三大类，每一类都包括众多数据元。

3. 排污许可证数据元素集

排污许可证数据元素集主要包括排污许可证信息元一大类，每一类都包括多项数据元。

4. 建设项目管理数据元素集

建设项目管理数据元素集主要包括环境评价数据元、建设项目试运行数据元、建设项目竣工环境保护验收数据元、建设项目备案数据元四大类，每一类都包括众多数据元。

5. 污染源自动监控数据元素集

污染源自动监控数据元素集主要包括污染源自动监控信息数据元、污水处理厂自动监控信息数据元、自动监测设备信息数据元三大类，每一类都包括众多数据元。

6. 污染源监督性监测数据元素集

污染源监督性监测数据元素集主要包括污染源基本信息数据元废水数据元、废气数据元、污水处理厂数据元、监测报告数据元五大类，每一类都包括众多数据元。

7. 污染源工况监测数据元素集

污染源工况监测数据元素集主要包括污染源工况基本信息、工况企业设施信息元数据、实时数据元数据、工况监测因子信息、工况监测工业信息元五大类，每一类都包括众多数据元。

8. 环境统计数据元素集

环境统计管理数据元素集主要包括基础数据元、废水数据元、废气数据元、固体废物数据元、污染治理项目数据元五大类，每一类都包括众多数据元。

9. 环境监察执法数据元素集

公众监督与执法数据元素集主要包括监督执法信息数据元、信访信息数据元、处罚信息数据元三大类，每一类都包括众多数据元。

10. 固废危废管理数据元素集

固废危废管理数据元素集主要包括单位信息及转移信息两大类，每一类都包括众多数据元。

11. 信访投诉数据元素集

信访投诉数据元素集主要包括投诉信息一大类，一类里包括众多数据元。

12. 总量核查数据元素集

总量核查数据元素集主要包括年度减排计划、各行业减排核算情况、各行业减排项目情况元数据三大类，每一类都包括众多数据元。

13. 环境质量监测数据元素集

环境质量监测数据元素集主要包括水环境质量监测数据元、大气环境质量监测数据元、噪声环境质量监测数据元三大类，每一类都包括众多数据元。

（五）资源规划和数据体系设计及数据库体系设计关系分析

资源规划、数据体系设计及数据库体系设计三者之间存在紧密的关系，主要是以数据资源规划为基础建立数据体系，并且利用数据资源规划的成果指导数据库体系的设计。

三者之间的关系分析如图 7.3 所示：

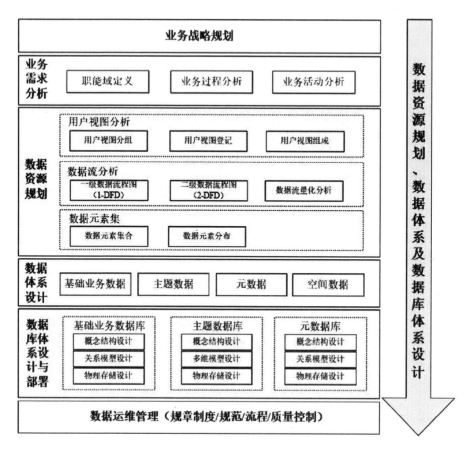

图 7.3　资源规划、数据体系及数据库体系设计的关系框架

1. 资源规划与数据体系设计的关系

资源规划是数据体系设计的基础。在数据资源规划中将从业务需求分析出发，对不同的业务职能域进行详细的数据资源规划，得到各职能域的用户视图分析、数据流分析和数据元素集，最后整理出 XX 省/市生态环境大数据的整体数据元素集。这样，在数据资源规划已经形成的数据元素集的基础上，结合《环境信息分类与代码》（HJ/T 417-2007）标准进一步完成基础业务数据体系设计。

2. 数据体系设计与数据库体系设计的关系

为了提高数据质量，形成不同粒度和层次的信息资源，数据体系不止包括基础业务数据，还包括主题数据体系、元数据体系、空间数据体系。数据体系的设计为数据库总体结构设计和分层设计提供了基础依据。根据统计分析的需求，数据体系还定义出了具体的数据主题，包括主题度量、主题维度和度量层次，为主题数据库的数据建模提供了详细数据需求。

3. 数据资源规划与数据库体系设计关系

数据资源规划将规范数据库体系设计的数据结构和数据字段组成。数据库体系设计将用户视图定义为实体大组，建立基础业务库的概念数据模型；基于遵从于 3NF 的用户视图分组登记，进一步分析实体的属性，规范化数据结构产生基础业务库的逻辑数据模型；最后进一步审核基本表的组成，将数据资源规划定义的数据元素集落实到基本表中，完成基础业务库的逻辑设计。

数据体系的设计方法，需要在数据资源规划已经形成的数据元素集的基础上，在《环境信息分类与代码》（HJ/T 417-2007）标准的约束下和平台建设的系统管理需求来确定。数据体系设计方法如图 7.4 所示。

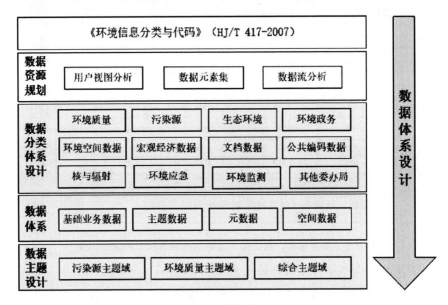

图 7.4　数据体系设计方法

数据体系设计依托于《环境信息分类与代码》标准，根据业务需求分析中对各职能域、业务过程及业务活动的分析结果，设计能够支撑平台建设要求的数据体系。在数据体系的基础上，再根据综合管理的特点，建立污染源主题域、环境质量主题域及综合主题域这三个主题分析模型，用于定义和揭示各个分析对象所涉及的业务各项数据及数据之间的联系。

二、生态环境数据体系设计

生态环境数据体系是在数据资源规划的基础上，采用分类归纳等方法，通过对生态环境部门内部产生的业务数据资源和生态环境保护需要的外部数据资源分类整理，形成一套层次清晰、规范的生态环境大数据资源体系，为构建数据库体系提供有力支撑。其数据体系包括生态环境部门内部数据分类体系和环保相关外部数据分类体系。

（一）数据分类体系梳理

为了便于对各类数据的管理、共享和综合应用，对业务数据的组织及应用不以业务或者采集方式、频率为单位，而是围绕工作核心，分析影响工作的主要因素，通过对这些因素分类归纳，形成一套比较全面的分层次信息分类，进而细化为具体的指标，通过指标将分散的数据转化为具有时间序列化、涵义统一的信息，基于指标对各类数据进行组织，形成反映相关情况的统一数据主题视图，作为共享和应用的基础，进而为目标的制定提供信息支持。

数据资源规划是战略布局，是前瞻性工作，本设计的数据分类则是在战术层面对由于缺乏规划而造成的问题提出的修补措施。

可参考的数据分类方式主要包括：

按照数据来源：划分为环境系统内部数据和外部数据，内部数据包括污染源管理、环境质量、核与辐射、生态环境、环境保护能力以及应急管理等内容，外部数据包括社会经济数据、水文气象、城市建设等与环境息息相关的内容。

按照服务范围：划分为业务数据和辅助数据，业务数据由不同的业务管理流程（统计、监测、监督等）产生，反映了业务管理的情况，辅助性数据用来为业务数据的应用提供多元化的支持，例如空间数据、公共编码数据等；

按照数据类型：划分为结构化数据、非结构化数据、半结构化数据和时序数据。结构化数据能够用用户统一的结构加以表示和存储，如统计数据；非结构化数据无法用数字或统一的结构表示，如文档、图像、声音等；半结构化数据多来自互联网抓取；时序数据具有很强的时间序列的特点，实时性要求较高。根据不同的数据类型，存储和管理的模式存在较大差别，需要在数据库体系设计中分别考虑。

针对相关数据资源的分类，按照上述方法对数据资源分为不同类别，在每个大类下，再根据数据反映的特征范围，进行细分。为了方便对数据资源的管理和组织，需要定义对应的编码体系，对各类数据进行标识。下面定义具体的分类编码规则，编码依托于《环境信息分类与代码》标准，并根据需要进行了一定的扩充。

（二）数据体系框架设计

根据界定的数据范围，对数据资源进行综合分析与规划，结合形成大数据资源中心的数据体系，主要由环保部门内部数据及环保相关外部数据组成，如图 7.5 所示。

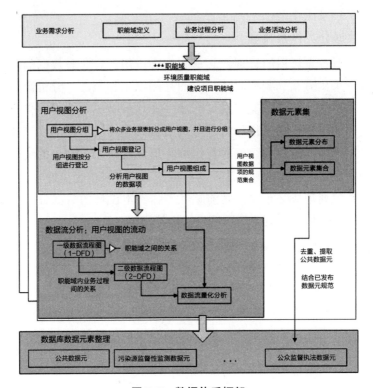

图 7.5　数据体系框架

（三）环境内部数据分类体系设计

　　针对环境内部数据进行环境内部数据分类体系进行设计，环境内部数据根据相关的环境管理业务进行划分，分为两大类：一类是基础业务数据；另一类是主题数据。

　　基础业务数据一般都是分散的，反映某一业务管理领域的问题，需要进行加工和整合，实现数据的标准化，解决数据统计口径不一致、一数多源、冲突和冗余问题，提高数据的准确性、可靠性、一致性和可用性，提供唯一真实可信的数据视图。

　　1. 基础业务数据设计

　　（1）环境质量管理数据。

　　从环境质量管理业务角度出发，对环境质量管理数据进行梳理，包括环境质量监测数据和污染防治管理数据。环境质量数据包括：水环境质量的在线监测和手工监测、空气环境质量及噪声环境质量的在线监测和手工监测等。污染防治数据包括：水污染防治数据、大气污染防治数据、土壤污染防治数据等。

（2）污染源监管数据。

从污染源监管业务角度出发，对污染源监管数据进行梳理，包括环境影响评价管理、排污许可、排污权交易、碳交易、监察执法、行政处罚、信访投诉等各方面的污染源管理数据。

（3）核与辐射管理数据。

从核与辐射管理业务角度出发，对核与辐射管理数据进行梳理，包括辐射源和放射源的基本信息数据、辐射环境影响评价、辐射许可证、辐射应急等。

（4）应急管理数据。

从应急管理业务角度出发，对应急管理数据进行梳理，包括风险源管理、处置技术库、应急资源、事件处理等数据。

（5）生态环境管理数据。

从生态环境管理业务角度出发，对生态环境数据进行梳理，主要是生态环境保护与修复的数据。

（6）政务信息数据。

从政务信息业务角度出发，对政务信息数据进行梳理，包括行政管理数据、财务管理数据、党建管理数据、机构人事管理数据、纪检监督数据等。

（7）空间数据。

从空间业务角度出发，对空间数据进行梳理，按照应用的分类包括基础地图数据和业务地图数据；从数据性质划分，包括矢量数据、影像数据和属性数据等。

（8）环境主数据及标准代码。

对环境主数据及标准代码进行梳理，环境主数据信息主要包括污染源基本信息和环境质量测点信息。

标准代码数据主要包括环境保护业务中的各类标准化代码，如行政区划、行业分类、污染源类别、建设项目性等，这些数据有的采用国家标准，有些采用行业标准和工程标准。

2. 主题数据设计

主题数据是根据数据分析的需要，对基础业务数据在一定层次上进行归纳和综合而形成的。主题是一个抽象的概念，对应于业务应用中某一宏观分析领域所涉及的分析对象，它在较高层次上对分析对象的数据进行一个完整、一致的描述，定义和揭示各个分析对象所涉及的业务各项数据及数据之间的联系。

主题数据主要通过维度方法（dimensional approach）进行组织，在这个方法中，根据数据应用特征，将业务数据划分为维度（dimention）和度量（measure）两种数据。维度对应的是分析角度，用来过滤、分组和标识数据，而度量对应的是分析关心的具体指标。维度有自己的固定属性，如层次结构、排序规则和计算逻辑等，维度通常是离散型的文本型数据，只允许有限的取值；度量是连续型的数值型数据，取值无限。例如行政区域是一个维度数据，定义了行政区域的层次和范围；而废水排放总量则是一个度量，说明一个具体的数据，单是将度量单独拿出来是没有意义的，只有将两者结合起来，才能够确定这个数值具体的含义。

在具体的应用中，基础业务数据主要面向单一业务查询，主题数据支撑综合查询和分析的需要。

（四）环境外部数据分类体系设计

针对环境外部数据进行环境外部数据分类体系的设计，根据环境外部数据来源进行划分，环境外部数据包括外委办局环境相关数据以及互联网公开数据。获取的外委办局数据包括：自然资源、住房城乡建设、交通运输、工商、税务、水利、农村农业、卫生、林业、气象等部门和单位的数据。互联网数据主要包括环保相关公开数据以及气象公开数据。

三、生态环境数据库体系设计

（一）数据库设计思想

数据库设计是搭建数据库及其应用系统的核心和基础，它要求对于指定的应用环境，构造出较优的数据库模式，建立起数据库应用系统，并有效地存储数据，满足用户的各种应用需求。

数据库设计思想主要包括以下四方面：

1. 需求驱动

在数据库建设过程中，始终要以满足业务管理、信息共享和面向高层决策的需要。

2. 围绕数据

数据是数据库建设最重要的资源。在数据库系统建设中采用数据整合的方式，进行数据的采集、处理、汇总、整理、比对、利用、共享和交换。针对具体的数据体系，建设不同结构的数据库。

3. 合理性

数据库设计需要整合各部委及各省相关部门已有的信息数据，需要结合成熟的数据仓库建设方法论，将系统的安全性、稳定性、技术成熟性、系统可扩展性都考虑在设计之中，满足数据库建设的合理性要求。

4. 可行性

采用最成熟和先进的设计理念，搭建数据库，采用先进成熟的平台技术，使整个数据库体系的建设具有可行性、前瞻性的特色。

（二）数据库体系设计方法和原则

数据库体系采用分层设计的方法，设计并遵循数据库规范进行设计，设计过程高标准、严要求，数据库结构合理、稳定，充分考虑各种扩展可能。如图 7.6 所示

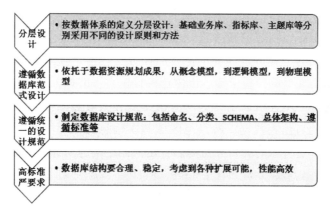

图 7.6 数据库体系设计原则

数据库体系建设是数据汇聚、管理、分析、服务的前提，架构合理的数据库结构设计极大保证数据建设成效。数据库体系如图 7.7：

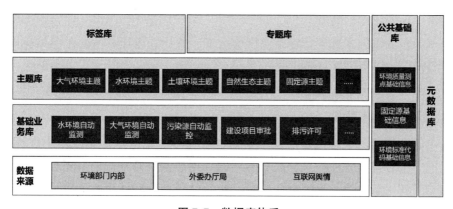

图 7.7 数据库体系

（三）基础业务库建设

基础业务库是为实现全量业务数据的统一存储，为主题库及专题库提供标

准、明细的数据，基础业务库的数据表结构需要与生产库的数据表结构保持一致。主要包括固定源、环境质量、核与辐射、自然生态环境几方面的数据存储。

以大气环境自动监测数据库为例，实现大气环境站点、城市站点各污染物的小时、日监测数据，即：站点名称、站点类型、污染物名称、监测时间、污染物浓度数据项存储。

（四）主题库建设

基础业务库只对生态环境各来源数据进行简单汇聚、整合，结构随业务变化大、不稳定，也没有过多的数据加工处理，对业务应用的支撑明显不足。当前，实际的业务分析场景往往集中于水环境、大气环境、土壤环境、污染源定源监管、自然生态、辐射监管等核心业务管理领域，必然要求建立面向业务主题的、结构稳定的、分析指标丰富积淀的业务主题库，在不断完善建设主题库的同时，为核心业务的分析应用、价值挖掘提供有力的数据支撑。

以大气环境应用分析需求为导向，构建空气质量监测数据、空气质量预报数据、气象监测与预测数据、站点与区域基本信息大气环境主题库，为大气环境主题分析、跨业务域的综合分析提供稳定数据结构与指标支撑。

空气质量监测主题库：包括 PM2.5、PM10、SO_2、NO_2、CO、O_3、O_{3-8} 浓度值、AQI 指标以及时间、行政区、站点维度存储建设。

空气质量预报数据主题库：包括未来五天 PM2.5、PM10、SO_2、NO_2、CO、O_3、O_{3-8} 浓度预报值、AQI 指标以及时间、行政区、站点维度存储建设。

气象监测数据主题库：包括温度、湿度、气压、风速、风向数据及时间、行政区、站点维度存储建设。

气象预测数据主题库：包括温度、湿度、气压、风速、风向预测数据及时间、行政区、站点维度存储建设。

站点和区域基本信息主题库：实现区域、站点基本信息数据的存储建设。

（五）标签库建设

主题库是按照主题的维度规范建模，对业务数据进行了重新组织标准化。但是同一个对象的各种信息分散在不同的数据域并且有不同的数据粒度。这导致很难了解一个具体业务的全面信息，要通过各种关联计算才能满足业务的需要，数据使用成本较高。而获取、分析客户的全面数据，是多个业务的共同需求，这可以通过建设标签数据层来满足。

标签库是面向对象建模，把一个对象各种标识打通归一，把跨业务板块、数据域的对象数据在同一个粒度基础上组织起来打到对象上。标签建设，一方面让数据变得可阅读、易理解，方便业务使用；另一方面通过标签类目体系将标签组织排布，以一种适用性更好的组织方式来匹配未来变化的业务场景需求。

以固定源这类对象的标签建设为例：包括固定源基本特征标签、固定源排放行为特征、固定源监管行为特征三个方面固定源特征标签，为标签数据的存储提供高效的存储结构环境。

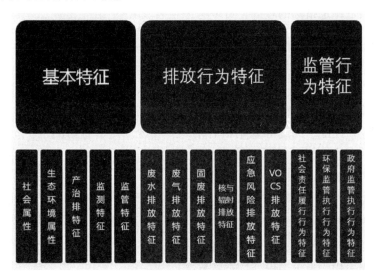

图 7.8　标签分类体系

（六）专题库建设

专题库是基础业务库和主题库的延伸，专题库存储与专项业务相关，来自不同资源、不同主题的数据，服务于专门领域的业务应用，将分散在各业务数据表中的要素提取出来，根据生态环境对象要素、要素特征等进行专题搭建，最终形成专题库。

专题库设计面向生态环境管理常态与非常态业务需求，通过将基础业务库、主题库数据进行二次抽取装载的方法重新组织数据，并按照不同领域专题应用的需求重新整合形成专题库。

专题库的建设，完全依托于实际应用，其根据应用的需要量身创建快速查询、快速搜索的数据库和索引库。专题库要求伸缩性强，灵活快捷的被创建和加载，为用户业务系统提供最大程度、最快捷高效的数据支撑。专题库的设计步骤如下：

（1）调研业务应用对数据内容、使用方式、性能的要求，需要明确业务应用需要哪些数据，数据是怎么交互的，对于请求的响应速度和吞吐量等有什么期望。

（2）盘点现有主题库、标签库数据是否满足业务数据需求，如果满足则直接跳到第3步；如果有个性化指标需求，主题库、标签库数据无法满足，则进行个性化数据加工。

（3）组装应用层数据。组装考虑性能和使用方式，比如应用层是多维的自由聚合分析，那就把统一数仓层、标签数据层以及个性化加工的指标组装成大宽表；如果是特定指标的查询，可以考虑组装成 K-V 结构数据。

（七）公共基础库建设

公共基础库中存储环境业务最核心的公共基础信息，包括固定源主数据和公共代码数据。

固定源主数据，包括固定源编码、固定源名称、统一社会信用代码、法人代表、地址、经度、纬度等基础核心信息，实现固定源身份的唯一标识。固定源主数据库的建立为固定源基础信息管理提供统一、准确的共享视图，是一源一档形成的基础。

公共代码库主要对各类业务实体统一编码信息，如行政区、流域、水环境质量污染物类型、大气环境质量污染物类型等公共代码进行存储。这些编码遵循行业和国际相关标准，在整个数据库体系中，对各类数据的组织管理均要求遵循这些统一代码要求，保证数据的同义性。

（八）元数据库建设

元数据库用来存储业务数据结构及管理属性信息，即：汇聚接入数据的数据表、数据项元数据的存储建设，从而满足用户的数据资源类别、结构的查询需求。按基础库业务数据类别进行元数据库类别的建设。

四、生态环境资源目录体系设计

生态环境数据资源服务基于海量数据属性或特征，依据一定原则和方法将各类资源进行区分、归类，建立从分类体系至数据集至指标体系的从上至下的元数据设计定义。并通过生态环境资源目录管理功能支撑，实现信息资源编目管理，便于信息资源的检索与共享。生态环境大数据资源中心数据资源服务由业务分类体系目录服务、组织机构分类体系目录服务、数据集查询、指标查询和元数据查询五部分构成。

（一）业务分类体系目录设计

业务分类体系目录是结合政务信息资源目录编制工作要求，以原环保部发文《环境信息分类与代码》HJ/T417-2007 为编目基础，将环境管理各类数据资源归类到所建编目，梳理形成的完整资源体系编目。数据资源服务提供标准化的业务分类体系目录服务，实现将现有资源快速整理并搭建起按环境管理业务角度完整编目的资源手册的目标。

（二）组织结构分类体系目录设计

组织机构体系目录依照用户的实际生态环境厅/局组织架构，建设组织机构分类编目，并将各类数据资源归类到所建编目中。数据资源服务提供标准化的组织机构分类体系目录服务，此分类将数据与部门的隶属关系清晰呈现，实现将手中资源快速整理并搭建起按业务体系完整编目的资源手册的目标。

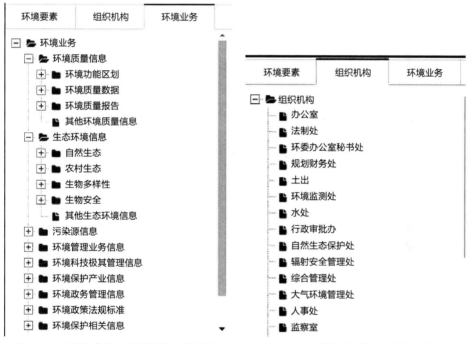

图 7.9　业务分类体系目录样例（参考图）　　图 7.10　组织结构分类体系样例（参考图）

（三）环境要素目录设计

为了更好地从整体性、综合性、关联性方面对信息资源进行归类，按照生态环境管理要素对信息资源分类：一级分类包含水、海洋、大气、气候、声、土壤、固废、生态、核与辐射、污染源等大类；二级分类按管理要素进行再分类，如水要素下再分地表水、地下水、饮用水等管理要素；三级分类按数据属性进行分类，如地表水下面分监测、评价、防治等。

第三节　生态环境信息资源汇聚

依托 ETL、物联接入等信息资源集成技术，采用数据中间库、WebService 接口等信息资源集成方式，构建"一横一纵"的生态环境信息资源汇聚体系，纵向贯穿部、省、市县、企业等生态环境部门内部数据，横向整合其他委办厅局及互联网数据，为大数据分析应用提供有力数据支撑。

一、信息资源汇聚范围

信息资源汇聚范围主要包括生态环境部门本级数据、上级环保单位数据、下级环保单位数据、外部委办局数据和互联网数据。

（一）生态环境部门本级数据

生态环境部门本级环境质量手工监测、在线监测、历史数据和评价数据，以及环境统计、第二次污染源普查、污染源监督性监测、污染源在线监测、建设项目、排污许可、核与辐射管理、固废管理、监察管理、行政处罚和信访投诉数据。

（二）上级环保单位数据

上级环保单位数据通过数据共享的回流数据，如生态环境部回流的排污许可证数据、固定污染源统一数据库。

（三）下级环保单位数据

下级环保单位质量手工监测、在线监测、历史数据和评价数据，以及环境统计、第二次污染源普查、污染源监督性监测、污染源在线监测、建设项目、排污许可、核与辐射管理、固废管理、监察管理、行政处罚和信访投诉数据。

（四）外部委办局数据

主要包括税务局、统计局、工商局、气象局、能源部门等单位的相关生态环境数据。如来自于税务局的环境税企业基本信息和生产总值数据；来自于工商局的工商企业信息。

（五）互联网数据

互联网数据主要包括生态环境舆情信息和环境公开数据，环境公开数据一般来自于生态环境部网站、周边城市生态环境部门网站公开数据以及气象局公开的相关气象数据。

二、信息资源集成技术

（一）ETL 技术

主要应用于环境业务数据的集成汇聚、对外共享过程，保证数据从源端汇聚至目标端中。ETL 技术完成从原始数据采集、错误数据清理、异构数据整合、数据结构转换、数据转储和数据定期刷新的全部过程。

采用 ETL 技术实现源端与目标端关系型数据、半结构化数据、时序数据、对象数据各类数据的批量导入，实现数据的高效集成交换，是数据由业务系统至数据资源中心、由数据资源中心至对外共享库的传输交换中心。

（二）物联接入

物联接入技术主要用于数采仪、小型自动站等监测设备细粒度实施数据的接入。如污染源自动监测数据等。采用 Kafka+Storm 的架构对监测数据等数据进行实时接收和处理。

物联数据接入平台采用物联接入技术，提供生态环境物联网数据的快速、高质量接入能力，提供设备管理与监控服务，实现数据查询以及运行监控分析，为物联数据的全面全量、高效集成提供工具支撑。

（三）数据抓取

通过互联网数据采集系统，形成互联网数据获取和处理能力，使用网络爬虫技术实现对环保相关公开数据以及气象公开等数据进行动态采集，并存储至数据资源中心数据库。

（四）数据填报

电子表单是用来采集和显示电子信息的载体，主要应用于业务处理（无纸化办公）、大量数据采集（快速定制）、规范管理表单和数据的业务场景。

三、信息资源集成方式

（一）数据中间库

对于数据需要实时更新的数据，采用数据中间库（或者影子表）方式实现数据采集。建设数据中间库，明确数据格式，业务系统建设厂商按照规定的格式推送数据至中间库。通过数据中间库的方式，使得中心数据库数据动态更新更加稳定、高效，并且不对在行系统造成影响，并能明确划分数据动态更新责任。

（二）FTP 文件目录

针对环保专网、政务外网、互联网上各业务系统相关文件数据，建立 FTP 文件目录方式，实现业务 FTP 文件目录至数据中心 FTP 文件目录的数据交换。

（三）WebService 接口

对于那些业务系统提供数据服务接口的数据类别，需要通过接口说明将共享数据按要求汇聚至数据资源中心。

（四）表单录入

对于某些数据，没有业务系统的支撑，需要通过特定的数据填报表单来进行数据采集入库。

（五）模板导入

对于业务定期产生、没有系统生成、按固定模板编制报送的文档，建立模板导入功能，定期人工导入实现数据集成。

第四节　生态环境信息资源治理

生态环境信息资源治理是指落实信息资源治理的一系列具体行为，包括数据标准管理、数据模型管理、元数据管理、主数据管理、数据质量管理、数据安全管理、数据价值管理七个方面。

重视信息资源管理、运营、流通可以为未来带来经济利益，同时这也是数据保值增值的重要手段。信息资源流通是使信息资源流动和发挥价值的核心，它将推动数据价值创造模式的不断创新，从根本上改变政府治理的发展趋势。

一、信息资源治理总体框架

数据资源治理框架如图 7.11 所示，包含 7 个管理职能和 5 个保障措施。管理职能是指落实信息资源治理的一系列具体行为，保障措施是为了支持管理职能实现的一些辅助组织架构和制度体系。本章节主要介绍管理职能，保障体系适用于整个信息资源整合共享，将在第六节第三小节阐述。

在信息资源治理实践中，各项管理职能所涉及的管理内容之间往往存在着紧密的联系。数据模型管理为主数据、元数据和业务数据设计提供数据模型。数据质量管理按照数据标准的规定稽核各部分数据内容。元数据管理发挥承上启下的作用，承接数据标准管理和数据模型管理的阶段性成果，同时为主数据

图 7.11 数据治理总体框架

管理提供有力支撑。数据安全管理贯穿数据全生命周期，为信息资源治理各项管理职能提供了有力支撑。数据标准管理，顾名思义，就是定义数据模型、数据安全和数据质量相关规范。

二、数据标准管理

（一）治理内容

数据标准是指保障数据的内外部使用和交换的一致性和准确性的规范性约束，通常可分为基础类数据标准和指标类数据标准。

基础类数据标准一般包括参考数据和主数据标准、逻辑数据模型标准、物理数据模型标准、元数据标准、公共代码和编码标准等。指标类数据标准一般分为基础指标标准和计算指标（又称组合指标）标准。基础指标一般不含维度信息，且具有特定业务和经济含义，计算指标通常由两个以上基础指标计算得出。

数据标准一般包含 3 个要素：标准分类、标准信息项（标准内容）和相关公共代码和编码（如国标、行标等）。其中标准分类指按照不同的特点或性质区分数据概念；信息项是对标准对象的特点、性质等的描述集合；公共代码指某一标准所涉及对象属性的编码。数据标准管理的目标是通过统一的数据标准制定和发布，结合制度约束、系统控制等手段，实现数据的完整性、有效性、一致性、规范性，推动数据的共享开放，构建统一的信息资源地图，为信息资源治理活动提供参考依据。

（二）典型管理示例

1. 数据标准信息项管理

数据标准信息项管理是对业务系统数据源的配置维护、公共代码的维护。资源中心公共代码的分类规则遵照中华人民共和国环境保护行业标准 HJ/T417－2007《环境信息分类与代码》的分类方式和代码。资源中心涉及的公共代码类目在环境业务分类标识的基础上，从信息资源规划对信息分类的标识角度，对具体代码类目进行分类标识。

2. 数据标准信息项服务

提供数据标准信息项服务，各业务系统可通过该功能获取数据标准信息项信息，并可通过文本、接口、样例库的方式获取标准信息项。

图7.12　数据标准信息项维护

3. 数据标准项主动校核

提供对各数据来源的数据标准项主动校核，对数据标准项校核任务进行配置管理，包括对校核系统的配置、校核类型的配置、代码表、业务表的校核配置并生成检查报告，进行统计分析。

图7.13　数据标准项校核

三、数据模型管理

数据模型是现实世界数据特征的抽象，用于描述一组数据的概念和定义。数据模型从抽象层次上描述了数据的静态特征、动态行为和约束条件。数据模型所描述的内容有三部分：数据结构、数据操作（其中ER图数据模型中无数据操作）和数据约束，形成数据结构的基本蓝图，也是信息资源的战略地图。数据模型按不同的应用层次分成概念数据模型、逻辑数据模型、物理数据模型三种类型。

概念模型：是一种面向用户、面向客观世界的模型，主要用来描述现实世界的概念化结构，与具体的数据库管理系统无关；

逻辑模型：是一种以概念模型的框架为基础，根据业务条线、业务事项、业务流程、业务场景的需要，设计的面向业务实现的数据模型。逻辑模型可用于指导在不同的 DBMS 系统中实现。逻辑数据模型包括网状数据模型、层次数据模型等；

物理模型：是一种面向计算机物理表示的模型，描述了数据在储存介质上的组织结构。物理模型的设计应基于逻辑模型的成果，以保证实现业务需求。它不但与具体的 DBMS 有关，而且还与操作系统和硬件有关，同时考虑系统性能的相关要求。

数据模型管理是指在信息系统设计时，参考业务模型，使用标准化用语、单词等数据要素来设计数据模型，并在信息系统建设和运行维护过程中，严格按照数据模型管理制度，审核和管理新建数据模型，数据模型的标准化管理和统一管控，有利于指导数据整合，提高信息系统数据质量。数据模型管理包括对数据模型的设计、数据模型和数据标准词典的同步、数据模型审核发布、数据模型差异对比、版本管理等。

数据模型是信息资源治理的基础，一个完整、可扩展、稳定的数据模型对于信息资源治理的成功起着重要的作用。通过数据模型管理可以清楚地表达内部各种业务主体之间的数据相关性，使不同部门的业务人员、应用开发人员和系统管理人员获得关于内部业务数据的统一完整视图。

四、元数据管理

（一）治理内容

元数据（Metadata）是描述数据的数据。元数据按用途不同分为技术元数据、业务元数据和管理元数据。

技术元数据（Technical Metadata）：描述数据系统中技术领域相关概念、关系和规则的数据；包括数据平台内对象和数据结构的定义、源数据到目的数据的映射、数据转换的描述等；

业务元数据（Business Metadata）：描述数据系统中业务领域相关概念、关系和规则的数据；包括业务术语、信息分类、指标、统计口径等；

管理元数据（Management Metadata）：描述数据系统中管理领域相关概念、关系、规则的数据，主要包括人员角色、岗位职责、管理流程等信息。

元数据管理（Meta Data Management）是信息资源治理的重要基础，是为获得高质量的、整合的元数据而进行的规划、实施与控制行为。元数据管理的内容可以从以下六个角度进行概括，即"向前看"："我"是谁加工出来的；"向后看"："我"又支持了谁的加工；"看历史"：过去的"我"长什么样子；"看本体"："我"的定义和格式是什么；"向上看"："我"的父节点是谁；"向下看"："我"的子节点是谁。元数据管理具体包括：

- 理解元数据管理需求；
- 开发和维护元数据标准；
- 建设元数据管理工具；
- 创建、采集、整合元数据；
- 管理元数据存储库；
- 分发和使用元数据；
- 元数据分析（血缘分析、影响分析、数据地图等）。

元数据管理内容描述了数据在使用流程中的信息，通过血缘分析可以实现关键信息的追踪和记录，影响分析帮助了解分析对象的下游数据信息，快速掌握元数据变更可能造成的影响，有效评估变化该元数据带来的风险，逐渐成为信息资源治理发展的关键驱动力。

（二）典型管理示例

1. 元数据目录维护

元数据目录维护实现对元数据目录分类的管理维护功能。

2. 元数据采集

元数据采集基于关系数据库适配器实现对关系数据库定时自动的采集元数据保证元数据数据的及时更新，采集来自 Oracle、DB2、SQLServer 等关系型数据库的库表结构等元数据信息。元数据采集包括数据源管理、采集任务管理、采集日志管理功能。

3. 元数据维护

元数据维护实现对元数据基本信息、属性的修改维护操作。它是最基本的管理手段之一，技术人员和业务人员都会使用该功能查看元数据的基本信息。

4. 元数据评分

元数据评分基于不同权重规则实现对元数据质量的评估打分，评估各个系统的元数据的质量情况。

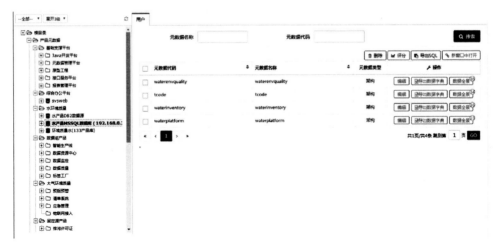

图 7.14　元数据维护

5. 元数据版本管理

元数据版本管理提供元数据的生命周期管理，发布、删除和状态变更都有严格的流程，并提供了版本管理功能，这些都确保元数据的质量，保证了后续使用元数据系统的权威性和可靠性。

📋元数据版本管理

	版本号		版本名称		创建日期		创建人		操作
☐	THSWATER.2018102 6.001		水产品2018102b版		2018-10-26 16:10:0 4		元数据管理员		查看 WORD DDL DML 授权 评分
☐	JDPMETA.20181010. 001		元数据管理平台4.0.20181010001		2018-10-10 14:49:0 8		元数据管理员		查看 WORD DDL DML 授权 评分
☐	JDPMETA.20181009. 001		元数据管理平台4.0.2018009001		2018-10-09 13:06:0 9		元数据管理员		查看 WORD DDL DML 授权 评分
☐	THSWATER.2018073 0.001		水产品初始化数据结构		2018-07-30 17:22:5 9		安建华		查看 WORD DDL DML 授权 评分
☐	EIMS_PRODUCT.201 80514.001		应急产品元数据结构第一版		2018-05-14 23:48:5 4		杨俊		查看 WORD DDL DML 授权 评分
☐	PWXKCP.20180508.0 02		排污许可产品		2018-05-08 15:04:2 3		宋松		查看 WORD DDL DML 授权 评分
☐	PWXKCP.20180508.0 01		排污许可本地化表结构		2018-05-08 14:58:5 5		宋松		查看 WORD DDL DML 授权 评分
☐	PWXKCP.20180508.0 02		排污许可产品		2018-05-08 15:04:2 3		宋松		查看 WORD DDL DML 授权 评分
☐	PWXKCP.20180508.0 01		排污许可本地化表结构		2018-05-08 14:58:5 5		宋松		查看 WORD DDL DML 授权 评分
☐	PWXK.20180508.001		排污许可产品		2018-05-08 14:17:4 1		宋松		查看 WORD DDL DML 授权 评分
☐	PWQJY.20180404.00 1		排污权交易-001		2018-04-04 10:06:4 3		王晓阳		查看 WORD DDL DML 授权 评分
☐	PWXK.20180403.001		排污许可		2018-04-03 13:58:2 6		宋松		查看 WORD DDL DML 授权 评分

图 7.15　元数据版本管理

6. 元数据校核

元数据校核实现对指定元数据基准版本与对比版本的元数据内容校核，通过校核可发现表元数据的增加、减少、修改、不变等情况，同时提供差异脚本下载功能。

7. 元数据服务

元数据服务包括元数据查询服务、元数据接口服务功能。元数据查询服务根据搜索条件，查询符合条件的元数据内容。

五、主数据管理

（一）治理内容

主数据（Master Data）是指用来描述核心业务实体的数据，是核心业务对象、交易业务的执行主体。是在整个价值链上被重复、共享应用于多个业务流程的、跨越各个业务部门和系统的、高价值的基础数据，是各业务应用和各系统之间进行数据交互的基础。从业务角度，主数据是相对"固定"的，变化缓慢。

主数据管理是一系列规则、应用和技术，用以协调和管理与核心业务实体相关的系统记录数据。主数据管理通过对主数据值进行控制，使得可以跨系统地使用一致的和共享的主数据，提供来自权威数据源的协调一致的高质量主数据，降低成本和复杂度，从而支撑跨部门、跨系统数据融合应用。

环境领域对固定源主数据进行全面管理，提供固定源基本信息质量检查、标准源生成、智能补值、固定污染源去重、固定污染源匹配、固定污染源赋码、标准源结果生成管理服务。

（二）典型管理示例

以固定源主数据管理为例说明主数据管理过程：

1. 主数据结构管理

对主数据结构进行维护。面向信息管理部门，提供手工维护污染源档案信息、环境质量档案信息功能，为建立标准的一源一档提供支撑。污染源主数据主要维护包括企业信息项、污染源信息项。环境质量测点主数据管理主要管理维护环境测点基本信息、位置信息等信息项。

2. 主数据信息管理

提供对固定源基本信息、产品及原辅材料、生产设备、治理设施、排口信息、监测设备、数采仪信息、资质文件管理等固定源主数据信息的维护管理。污染源主数据信息管理实现对污染源主数据结构管理中设定的信息项内容的维护管理，包括污染源名称、污染源编码、污染源地址、所属行业等内容信息。

提供对环境管理数据进行管理，环境管理属性配置包括属性名称、属性类别、公共代码类别以及环境管理属性状态情况。用户通过对环境管理属性进行配置，即可进行环境管理数据的管理。

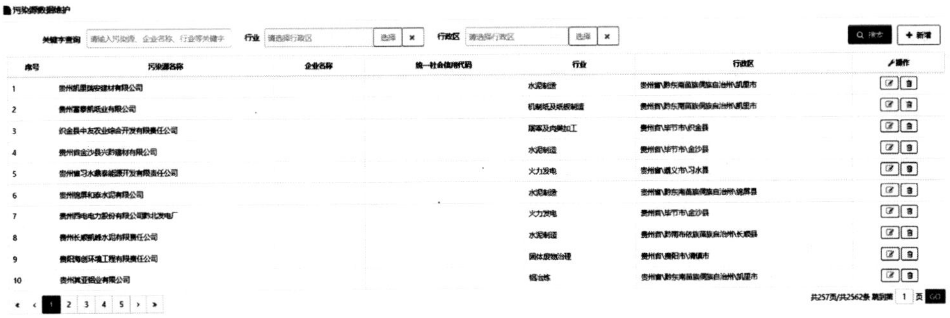

图 7.16 主数据信息管理

3. 主数据治理及初始化

通过固定源数整合匹配、清洗治理实现不同来源的生成唯一、准确的统一固定源主数据信息，为每个业务部门提供统一的固定源主数据服务。主数据治理及初始化包括污染源基本信息质量检查、标准源生成、智能补值、污染源去重污染源匹配、污染源赋码、标准源结果查询等治理内容。

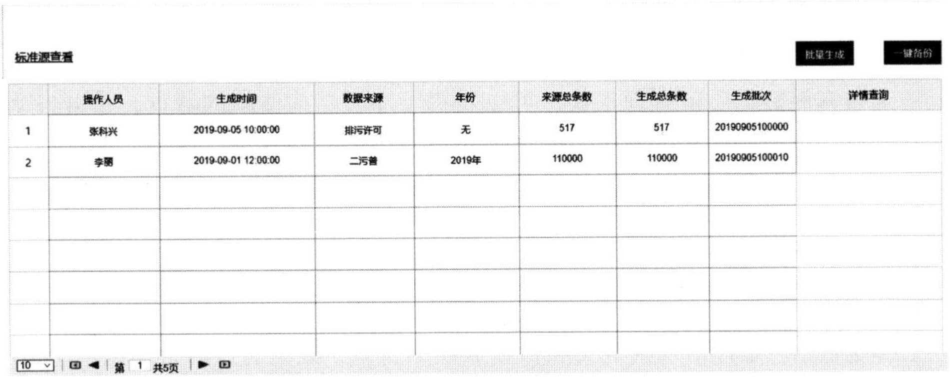
标准源查看
批量生成
一键备份
操作人员
生成时间
数据来源
年份
来源总条数
生成总条数
生成批次
详情查询
1
张科兴
2019-09-05 10:00:00
排污许可
无
517
517
20190905100000
2
李丽
2019-09-01 12:00:00
二污普
2019年
110000
110000
20190905100010
第 1 共5页

图 7.17 标准源生成

4. 主数据动态更新

主数据动态更新主要是解决各类固定源业务数据在日常变更过程中，如何继续与固定源基础信息库中的信息保持统一，从而确保固定源各类业务数据动态关联。变更数据来源一般与主数据初始化范围保持一致，为各类重点管理、可信度高固定源业务数据，一般为排污许可系统、在线监控、环境统计、监督性监测、二污普等。

为保持各业务系统固定源主数据信息保持统一，非国发系统应该通过系统改造，本系统提供更新服务接口，以实现动态更新；国发系统因无法改造，本系统提供自动或工匹配使更新功能。

5. 主数据共享服务

主数据服务内容包括固定源基本信息、产治排信息，以接口服务方式为其他业务系统提供给其他固定源业务系统进行访问，包括查询服务接口和更新服务接口。

六、数据质量管理

（一）治理内容

数据质量是保证数据应用效果的基础。衡量数据质量的指标体系有很多，几个典型的指标有：完整性（数据是否缺失）、规范性（数据是否按照要求的规则存储）、一致性（数据的值是否存在信息含义上的冲突）、准确性（数据是否错误）、唯一性（数据是否是重复的）、时效性（数据是否按照时间的要求进行上传）。

数据质量管理是指运用相关技术来衡量、提高和确保数据质量的规划、实施与控制等一系列活动。主要包括，数据质量方案和规则制定、数据质量检查评估、数据质量报告输出功能。

通过开展数据质量管理工作，可以获得干净、结构清晰的数据，是开发大数据产品、提供对外数据服务、发挥大数据价值的必要前提，也是开展信息资源治理的重要目标。

（二）典型管理示例

1. 数据质量评估方案管理

基于数据质量评估规则定义和检查方案的管理，系统通过内置的调度引擎，实现对数据质量的具体的评估管理功能，实现源端数据、目标端数据的质量评估。通过加强数据质量校验规则，可以从数据的一致性、引用完整性、记录缺失、重复数据、空值检查、值域检查、逻辑校验、及时性检查、规范性检查等多方面对所有环境数据质量进行全面的体检，并定期出具检查报告，确保数据质量可靠。

（1）检查方案管理。

用户可以根据不同业务的主要数据问题情况，灵活配置针对性的数据质量评估方案。针对各类业务数据可以根据数据特征个性化配置检查规则体系、评估内容、干预节点和评估周期等形成完整的评估方案，更加精确有效的评估数据质量。

每个评估方案的管理信息包括方案的基本配置信息、规则体系和执行日志。

图 7.18   质量检查方案管理

（2）检查规则管理。

系统内置大量的数据质量评估规则。在具体的方案中，可以具体设置评估规则的数据源、数据表、数据字段及其他相关规则参数，从而可以快速对数据质量进行检查评估。

相关的检查规则包括一致性、引用完整性、记录缺失、重复数据、空值检查、值域检查、逻辑校验、及时性检查、规范性检查、大数据分析检查规则等。根据各类业务数据的关联比对分析判断以及实际业务工作对规则进行不断的优化、细化和更新。

（3）检查调度管理。

提供对针对各类业务数据已经配置好数据质量检查方案的执行进行调度管理，包括方案运行任务的启停、执行结果和执行报告的生成管理。

2. 数据质量监控

提供对各类数据质量评估结果的监控，包括规则的运行结果和方案的综合评估结果。可以通过执行报告和执行结果监控检查方案运行状态是否正常、各规则执行结果异常情况。

图 7.19　数据质量监控

3. 数据质量评分

依托质量评估结果，提供对方案的运行结果的打分评估，包括方案运行时间、报送数据量、问题数据量、问题数据占比、评分等信息，让用户全面获取数据质量情况。

4. 数据质量报告

为用户更全面、快捷地了解数据质量评估成果，提供质量评估报告、质量绩效报告、质量监控报告三类报告的输出，极大满足用户对数据情况的实时掌握需求。

七、数据安全管理

(一) 治理内容

数据安全管理是指对数据设定安全等级，按照相应国家/组织相关法案及监督要求，通过评估数据安全风险、制定数据安全管理制度规范、进行数据安全分级分类，完善数据安全管理相关技术规范，保证数据被合法合规、安全地采集、传输、存储和使用。通过数据安全管理，规划、开发和执行安全政策与措施，提供适当的身份以确认、授权、访问与审计等功能。

数据安全管理的目标是建立完善的体系化的安全策略措施，全方位进行安全管控，通过多种手段确保信息资源在"存、管、用"等各个环节中的安全，做到"事前可管、事中可控、事后可查"。

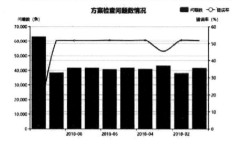

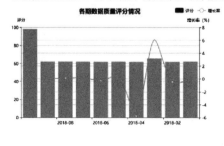

图 7.20　数据质量报告

（二）典型管理示例

1. 使用痕迹跟踪

用户行为痕迹跟踪用来跟踪和记录用户行为，包括访问服务和操作。用以了解系统异常状况与用户行为的关系，便于定位问题。记录的信息包括：用户信息，访问服务的 url，操作时间，操作类型等。

2. 数据权限管理

提供数据权限管理，允许管理员对用户的数据设置访问权限，如读、写权限进行设置。当用户请求数据访问时，对用户身份进行鉴别，并根据其身份和数据访问权限，对其数据访问操作进行限制。

八、数据价值管理

数据价值管理是对数据内在价值的度量，可以从数据成本和数据应用价值两方面来开展。数据成本一般包括采集、存储和计算的费用（人工费用、IT 设备等直接费用和间接费用等）和运维费用（业务操作费、技术操作费等）。

数据成本管理从度量成本的维度出发，通过定义数据成本核算指标、监控数据成本产生等步骤，确定数据成本优化方案，实现数据成本的有效控制。数据价值（收益）主要从信息资源的分类、使用频次、使用对象、使用效果和共享流通等方面计量。数据价值（收益）管理从度量价值的维度出发，选择各维度下有效的衡量指标，对针对数据连接度的活性评估、数据质量价值评估、数据稀缺性和时效性评估、数据应用场景经济性评估，来优化数据服务应用的方式，最大可能性的提高数据的应用价值。比如可以选择数据热度、广度等作为数据价值的参考指标，通过 ROI 评估，高效管控和合理应用信息资源。

第五节　生态环境信息资源共享

在生态环境信息资源治理基础上，深入分析环境管理部门内部、外委办厅局以及企业公众对生态环境信息资源的共享需求，以及信息资源的共享流程、共享方式和服务内容，通过多类型、多维度、多方式、多主题、可定制化的数据共享服务，满足各级用户对资源查询统计、即时调用、分析展现的不同需求。

一、信息资源共享需求

信息资源共享需求主要来自环境内部、外委办厅局以及企业公众。环境内部业务部门在日常工作管理、大数据应用分析中需要其他部门数据支撑或是公共数据的使用需求较多；外委办厅局数据需求一般面向信息化负责单位提出，由该负责单位向其提供数据服务接口，同时响应信息公开要求，面向企业、公众发布环境信息服务。

二、信息资源共享流程

生态环境信息资源共享流程如图 7.21：

图 7.21　生态环境信息资源共享流程

（一）服务请求

1. 从生态环境数据中心库获取

生态环境信息共享资源直接从生态环境数据中心库获取发布信息。

2. 录入或导入

如果要发布的信息不能从生态环境信息资源数据库获得，则直接利用数据共享服务平台手工录入或导入。

（二）服务审核

生态环境信息共享的服务审核将遵循"谁发布，谁负责""谁审核，谁负责"原则。采用审核机制，具体审核流程如图 7.23 所示：

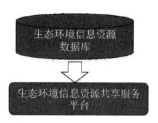

图 7.22　生态环境信息资源数据获取途径

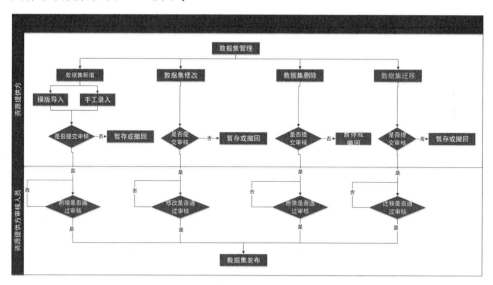

图 7.23　生态环境信息资源共享发布审核流程

发布数据时，同时发布相应的元数据或文档说明，包括标识信息、覆盖范围信息、内容信息、维护信息、限制信息、数据质量信息、分发信息和元数据描述信息。

(三) 服务发布

1. 自动发布

➤定义数据审核规则；

➤从生态环境信息资源数据库自动获取发布信息；

➤根据数据审核规则对待发布信息进行自动审核，发现冲突时发出警报（如短信、邮件、消息等）；

➤将满足数据审核规则的信息自动发布到指定范围。

其技术流程图如下：

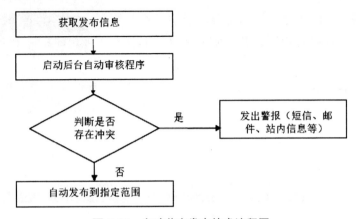

图 7.24 自动共享发布技术流程图

2. 主动发布

基于外网的生态环境信息资源共享发布流程如下：

➤数据源获取。主要来自于十大类环境信息；

➤信息管理。对拟发布的环境信息进行采集、整理、加工，从原始信息中抽取其主要特征（核心元数据）；

➤信息发布。经数据共享服务平台处理之后的数据，连同环境信息全文，通过互联网将信息提供给用户检索、浏览、下载。三种发布形式为：内网发布、专网发布和外网发布。

（1）生态环境部门内网信息发布。

内网发布按如下工作流程进行：

内网发布的无条件共享的信息须经本单位负责人审签后自行发布；有条件共享的信息由本单位负责人初审，再报请相关部门审签后发布。

（2）环保专网信息发布。

环保专网信息发布按如下工作流程进行：

➤须经本单位负责人审签后自行发布；有条件共享的信息由本单位负责人初审，再报请相关部门审签后发布。

➤信息中心负责将生态环境涉及的各单位、各部门的信息上传至地方数据共享交换平台。

（3）外网信息发布。

外网发布按如下工作流程进行：

外网发布的主动公开的信息须经本单位负责人审签后自行发布；依申请公开的信息由本单位负责人初审，再报请相关部门审签后发布，同时交由信息中心存档。

（四）资源申请

个人或单位对资源提供部门发布的无条件共享的生态环境信息资源共享 API 接口调用权限，需向信息中心发工作协调单；对有资源提供部门发布的条件共享或者不予共享的生态环境信息共享资源，需要向有关部门发函并向资源提供部门提出申请。

1. 申请受理阶段

根据申请共享程度类型的不同，分别提交相应的资料，如《工作协调单》或者《生态环境信息资源申请函》。资源提供部门采取相应的方式对申请人和资料进行核对，从形式上对申请的要件是否完备进行审查，对于要件不完备的申请予以退回，并要求申请人补齐资料。

2. 意见反馈阶段

资源提供部门或者信息中心在一定期限内办理审批事宜，同时出具审批意见。

3. 信息发布阶段

对审批通过的申请，资源提供部门将根据掌握信息的实际状态和申请要求，提供并发布生态环境信息共享资源。

三、信息资源共享方式

生态环境信息资源整合共享通过数据交换平台数据库服务、web 服务接口向部、省、市等各级生态环境部门以及外委办厅局提供业务数据共享服务。

（一）数据库服务

数据交换平台通过数据库服务对外提供数据共享，数据库服务指由数据库平台和开发语言平台本身提供的相关的数据库 API 接口，包括数据中间库、文档中间库两种方式。

1. 数据中间库：通过数据交换平台将数据推送至数据中间库，业务系统通过访问数据中间库实现数据的共享使用；在网络不通的情况下，将数据中间库部署在交换前置机中实现数据的共享。

2. 文档中间库：通过数据交换平台将非结构化文档推送至文档中间库，并提供文件的 URL 地址，业务系统通过 URL 地址实现文件的下载和使用。

（二）Web 接口服务

将用于共享的各类数据发布成 Web 服务，并向业务系统方提供 Web 服务说明文档，业务系统方通过调用 Web 服务获取所需数据。

Web 服务接口包括 webservice 接口、rest 接口等形式，需要在环境数据资源中心的数据服务平台上进行注册并发布，通过数据服务平台进行权限控制、运行监控等。各业务系统通过调用 Web 服务，实现数据共享。调用方式分为 webservice 接口调用和 rest 接口调用。

1. webservice 接口

采用 webservice 接口的形式对外提供服务，采用基于 HTTP 的 SOAP1. 2 协议。

2. rest 接口

采用 rest 接口形式对外提供服务，基于使用 HTTP，URI，XML（标准通用标记语言下的一个子集）以及 HTML（标准通用标记语言下的一个应用）的协议和标准。

四、信息资源服务内容

依托大数据资源中心数据成果以及模型、分析等服务能力，结合用户实际数据需求，生态环境大数据资源中心提供多类型、多维度、多主题、可定制化的数据共享服务，满足用户对资源查询统计、即时调用、分析展现需求。

根据实际业务需求，面向生态环境管理部门、外委办厅局和下级单位，共享内容包括大气环境、水环境、土壤环境、固定源和自然生态等信息资源。

（一）数据 API 服务

1. 面向生态环境部门数据服务

（1）公共代码查询服务。

为了实现平台代码统一化建设，生态环境大数据资源中心提供所用全部公共代码进行查询的服务。公共代码包括流域代码、行政区代码、流域 21 类公共代码，是国家或行业标准的基础公用代码。

（2）水环境数据查询服务。

水环境质量数据查询服务提供监测数据查询、水功能区监测查询、黑臭水体基本情况、饮用水源相关数据情况查询；污染管控数据查询服务提供控制单元、入河排污口、排放清单相关数据查询。

（3）大气环境数据查询服务。

提供满足数据共享、数据分析应用的大气环境站点基本信息、站点、区域监测、预测数据以及目标考核、排名分析等分析数据查询服务。

（4）土壤环境数据查询服务。

提供污染地块管理数据、重点监管单位、土壤环境质量、地下水环境、专项资金项目、重点行业企业调查相关数据查询服务。

（5）自然生态数据查询服务。

提供生态环境系统状况、生态环境指数、生物多样性数据查询服务；提供三线一单包括综合管控单元、生态保护红线、水环境管控分区、大气环境管控分区、土壤污染风险管控分区、资源利用上线相关管控单元信息查询服务。

（6）固定源查询服务。

提供固定源主数据信息查询服务，包括污染源地址、名称、所在行政区、经纬度、组织机构代码主数据内容。

提供废水固定源、废气固定源年度排放数据、区域汇总排放量数据查询服务。

2. 面向外委办厅局数据服务

根据实际业务需求，生态环境大数据资源中心面向外委办厅局提供管理范围内的大气环境、水环境、土壤环境、固定源、自然生态数据查询服务。

3. 面向下级单位数据服务

根据实际业务需求，生态环境大数据资源中心面向下级单位提供管理范围内的大气环境、水环境、土壤环境、固定源、自然生态数据查询服务。

图 7.25　数据接口服务

(二) 数据资源目录服务

1. 数据集查询

数据集是指一类业务工作所产生的业务数据的集合，例如"空气质量监测日报"。数据资源服务所编目的资源均以数据集的形式展现，因此数据集查询是所有分类体系目录均可查询日常工作中所产生的环境监测、环境监察等业务数据的服务。

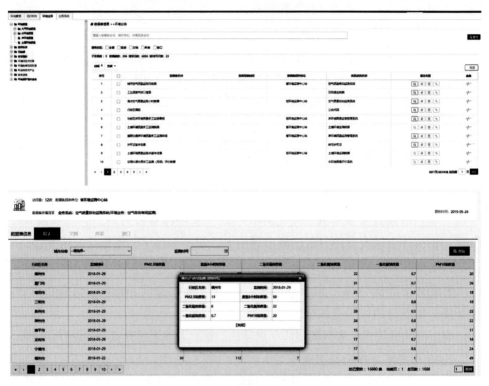

图7.26　数据集服务

数据集查询可以通过关键字进行搜索，可以选择搜索当前分类中的数据集或者对全部数据集进行搜索，并可对搜索到的结果按时间等要素进行排序以及查看数据集的详细信息和元数据属性。

2. 指标查询

为了提供更为明晰的数据阅读体验，针对数据集中的数据指标提供指标查询查看其详细说明，例如环境统计污染源排放数据集中，指标"COD排放量"，在定义说明中可查看到COD排放量的计量单位为"吨"。

3. 元数据查询

元数据指的是用于描述每个数据集的元数据，包括：数据集名称、数据集编码、数据集摘要、所属系统名称、数据集提供单位、共享方式等 18 项元数据的内容，可以让用户能够从各个角度了解数据集和数据。

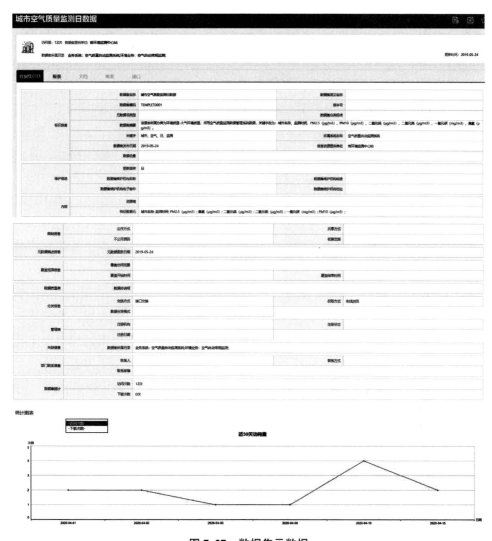

图 7.27　数据集元数据

（二）智能检索服务

全部类型数据资源检索功能，输入关键词，系统根据关键词进行查询，搜索结果包括报表、文档、污染源档案、地图等类型数据。同时提供针对不同数据类型的专题查询服务，目的在于为用户提供更为有效的检索服务。包括：报表专题检索、文档专题检索、管理对象专题检索以及地图专题检索。典型示例如下：

1. 智能检索管理

对资源入库过程进行控制，按不同资源类型，实现资源进行标签化管理，建立元数据管理体系。对应每类资源的元数据管理体系，定义各类资源的标签体系。在资源初始化过程中，完成标签体系的建立，完成对标签内容进行提取。

（1）目录体系管理。

提供目录的查询删除功能。系统根据过滤条件查询目录，查询内容包括主键、标题、数据类型、业务类型、分组名称、快速分类等。

（2）目录树管理。

提供目录树管理，提供节点的查询、新增、添加、编辑、删除功能，查询出的节点列表包括代码、名称、过滤条件、所属行政区等内容。

（3）项目任务管理。

提供任务的全部更新、增量更新、编辑、删除功能。系统根据任务代码、任务名称、分组名称、导入类型、业务类型、数据来源查询任务，任务列表包括任务代码、任务名称、导入类型、业务类别、分组名称等内容。

（4）词库管理。

为满足智能检索工具更好的理解用户输入的自然语言检索内容，系统建设包括集成通用词汇以及专业词汇形成检索词文本训练库。对检索词库进行定期的维护和升级。

2. 全部资源检索

提供全部类型数据资源检索功能，输入关键词，系统根据关键词进行查询，搜索结果，包括报表、文档、污染源档案、地图等类型数据。

（1）单条检索结果展示。

针对每一条查询页面显示的独立的检索结果，均对结果内容提取关键信息与主体内容。展示单条检索结果的名称、摘要、访问次数、数据来源、更新时间。

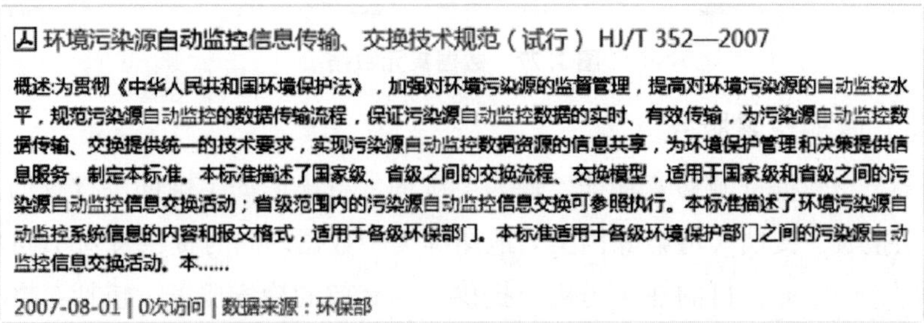

图7.28 单条检索结果

（2）检索结果聚合。

为避免大量相似的检索结果占满查询页面，采用聚合的方式对同一类业务或相关性较高的单条检索结果进行聚类分组展现。聚类的数据类型以结构化数据和地图为主。

（3）快速分类。

对查询出的全部检索结果进行统计，汇总业务相同的检索结果，除提供按照"全部"内容进行查询以外，还只查看与某一类业务（例如：信访投诉）相关的检索结果。

图7.29 快搜分类样例（参考图）

（4）热词推荐。

对于全部用户检索词进行记录，当用户输入检索词时，推荐给用户与此检索词相似度高的高频检索词汇。

（5）Smart-applet。

依据关键词，对特定的查询关键词提供独立小应用。例如查询"污染源"即可展现出与"污染源"三字匹配的全部检索结果外，还会出现支持对污染源进行检索的多条件检索小窗

图7.30 热词推荐（参考图）

体；查询"水质"即可展现与"水质"二字匹配的全部检索结果外，还会展现本周全省地表水水质状况分析结果小窗体。

（6）管理对象统计。

提供针对环境管理对象的个数统计，管理对象包括：排污企业、污水处理厂、水质监测断面等对象。例如用户查询"污水处理厂"，即可统计出全省到底有几家污水处理厂。

3. 专题资源检索

专题检索提供针对不同数据类型的查询服务，目的在于为用户提供更为有效的检索服务。包括：报表专题检索、文档专题检索、管理对象专题检索以及地图专题检索。

（1）文档专题检索。

提供文档类型数据检索，文档模块用于让用户方便快捷地查询到资源中心中所涵盖的所有文档类型资源。目前文档中心支持：Word、PDF、Excel等微软办公软件生成文档，并且支持图片格式文件查询。与数据模块类似，用户可通过文档分类进行筛选，也可以输入任意的关键词进行查找。可在线浏览或下载，对于不适合在线浏览类型的文档，如：rar、zip 等，提供直接下载功能。

图 7.31　文档检索专题首页

（2）报表专题检索。

提供报表类型数据检索，针对全部报表类型数据进行检索。报表的摘要取自原自带的报表描述字段。若原报表无描述字段，则描述由手工编订后，统一入库，作为查询结果的描述字段进行展示。

（3）管理对象专题检索。

提供针对环境管理对象的专题检索，管理对象包括：排污企业、污水处理厂、水质监测断面等对象。

（4）地图专题检索。

提供地图类型数据检索，以地图形式对检索结果进行展现，并支持在 GIS平台上。

图 7.32　报表检索专题首页

（5）服务专题检索。

针对服务接口，支持专题检索。

4. 资源整理与初始化

智能检索平台资源内容的建设指的是对所有需要被检索到的资源创建索引的过程。

（1）结构化数据初索引创建。

每张数据表中的结构化数据，均需创建对应的索引抽取任务。

结构化数据的摘要需要通过 sql 语句实时查询生成，每个结构化数据索引创建任务通过指定摘要拼写规则来编写对应的 sql。

（2）文档索引创建。

对于要展示的全部标准规范文档，以及生态环境大数据支撑平台其他模块所存储的全部文档（例如资源目录），包括：Word、Excel、PDF、JPG、HTML等格式，统一执行索引抽取任务。

通过对文档的名称、正文内容的遍历，建立索引内容以及查询时所显示的摘要信息。

（3）报表索引创建。

对于资源目录所发布的全部数据集作为报表在智能检索中创建索引。继承数据集的全部元数据，并补充分组名称、快搜分类等内容作为报表索引内容。

（4）污染源档案索引创建。

污染源初始化服务分为 2 个阶段，具体包括：

①重点固定污染源智能检索初始化服务。

重点固定污染源名单来自对 2018 年环境税数据、2017 年已发排污许可证数据、2018 年度重点排污企业名单数据进行比对而形成的企业名单集合，约 2000 家污染源，初始化服务包括对重点污染源身份库、污染源档案进行打标签工作。

②一般固定污染源智能检索初始化服务。

一般固定污染源名单来自对二污普提供的数据审核与汇总报送后形成的污染源数据，经核对扣除重点固定污染源排污企业后形成的企业名单集合，约 10 万家污染源，初始化服务包括对一般污染源身份库、污染源档案进行打标签工作。

（5）图层资源索引创建。

将生态环境大数据支撑平台所集成的全部图层资源内容初始化到智能检索中创建索引内容。

（6）服务接口索引创建。

将产品所发布的所有内/外部接口的名称与描述作为服务接口。

（三）环境模型服务

随着各项环境污染防治、环境监管工作的不断深入，环境管理部门在水环境、大气环境、土壤环境、污染源监管等业务管理领域积累生成许多模型算法，包括环境监测超标告警、污染源监管预警、排放规模分析、环境质量预测等算法，但这些算法散落在各自业务系统中，没有系统将算法信息进行集中展现，也没有工具支撑模型全流程开发，导致算法的共享程度、业务分析支撑能力都很弱，不能满足业务部门跨域数据分析需求，不能满足各信息化建设厂商数据分析成果参考、调用的需求。

为了进一步提升大数据业务分析成果共享能力，深入拓展大数据使用范围及力度，更好支撑日常业务与管理决策，构建环境模型服务展示平台，提供各类算法的集中展示，包括对算法基本信息、模型执行情况、模型成果及模型应用情况的展示，极大满足用户多角度的模型服务检索、业务分析支撑需求。典型示例如下

1. AI 分析模型服务

为了让使用者快速了解模型使用场景及模型整体情况，AI 分析模型服务面向模型使用者提供详实的模型服务内容，从模型基本情况的描述、模型成果输

出、模型结果应用系统三个方面提供全面的服务，让用户从各个角度了解模型结果及使用情况。

2. 业务规则服务

全面提供业务规则基本情况、规则结果输出以及规则所服务的应用，使用户快速了解规则生成结果与系统应用情况，为用户参考提供有力的实例支撑。

（四）数据产品服务

构建以固定源为分析核心的数据产品服务，对固定源全生命周期发展过程进行全面监管；对固定源企业特征进行深度刻画，实现以固定源为主线的固定源档案、群体画像、精准画像服务提供，满足数据共享以及大数据分析应用需求。

固定源档案服务提供统一标准源基本信息以及相关业务数据查询，辅助使用者快速了解固定源情况；固定源画像则以打标签的方式多层次、全方位对固定污染源进行深度刻画，从而进一步满足业务管理与综合分析需求。典型示例如下：

1. 污染源档案

污染源档案信息展现及查询功能，包含污染源分类查询、基本信息、排污许可证信息和污染源监管、污染物排放、污染源监测等污染源动态管理的全方位业务数据，对污染源的环境统计、污染源普查、自动监控、监督性监测等不同数据来源业务数据进行关联查看；通过摘要信息页面显示污染源重要信息及最新污染源监管信息，时间轴展现污染源档案最新更新数据情况。

（1）污染源档案分类查询。

查询不同污染类型的污染源档案信息，包括工业源、农业源、集中式污染治理设施。可设置查询条件包括按全部档案、环境管理属性、污染源类型等进行查询。

（2）企业信息。

整合企业工商法人信息，形成企业权威信息，匹配污染源信息，形成"一企多源"。

（3）污染源档案摘要信息。

反映污染源最新环境管理动态，包括基本信息、环境管理属性标签、空间定位、排污许可信息、时间轴显示档案最新更新数据情况。

（4）污染源档案详情。

整合污染源信息，可对污染源信息进行查询、展示，污染源档案详情分为基本信息、排污许可信息、污染源排放信息、污染源监测信息、污染源监管信息五部分。

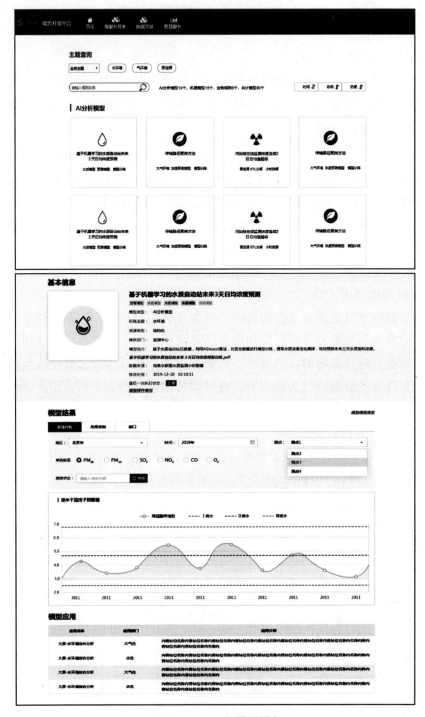

图 7.33　AI 分析模型服务

图7.34 污染源档案服务

2. 企业群体分析

为满足业务部门实际工作中对于重点污染源的监管需求，满足固定污染源管理部门全面深入掌握污染源整体情况，需要多层次、全方位对固定污染源进行深度刻画，进一步支撑业务管理与综合分析需求。

基于标签智造工厂生成的各类特征成果，结合大数据分析应用场景需求，从企业整体情况至企业特征精准刻画，从企业基本信息、排放至监管等多个层面深入特征提取，并结合 GIS 地图，实现企业特征的综合查询与统计分析。

（1）企业标签综合查询。

依托企业标签成果，构建企业标签查询体系，满足用户多维度、多场景的即席查询需求，实现企业群体的快速聚类及展现。结合 GIS 提供企业群体的精准定位，结合列表展示实现企业明细的全面获知。

图 7.35　综合查询

（2）企业空间特征。

以综合查询后企业群体为基础，结合 GIS 展现形式，从企业点位查询、行业、区域、流域、业务范围等多个维度实现多指标下的企业空间特征展现，更加直观清晰、快速了解企业统计、分布特征。

（3）企业群体画像。

以单个企业特征为基础进行群体企业的特征综合统计，把打上企业数最多的特征值按重点程度、正负面、特征聚类进行群体企业特征画像，让用户一目了然掌握企业显著特征。

3. 企业精准画像

企业精准画像通过打标签的方式对企业特征行为进行静动态深化描述，以日常海量业务数据、经济数据、其他外部数据为基础，总结数据内在规则算法并进行数据关联分析，找出企业潜在业务风险，辅助信息公开，鼓励企业绿色发展；识别高风险企业，助力环境监管与企业自律。

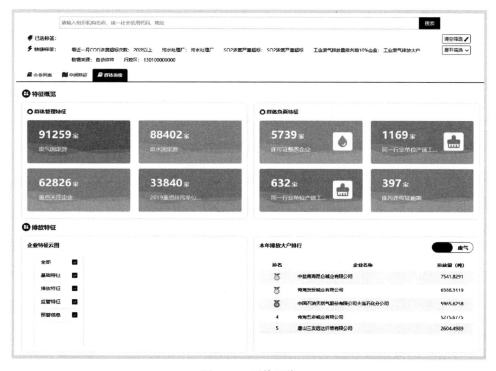

图 7.36　群体画像

从企业特征概览、排放行业特征、监管行为特征等几个方面进行全方位的画像，着重为用户呈现整体特征、废水、废气排放特征、预警特征，辅助日常管理与决策。

（1）企业标签概览。

对企业整体特征进行多角度展示，首先将表征企业管理特性以及规模体量的特征实现集中展示；将企业正负面形象特征实现重点显示，让用户一目了然获取企业重点特征。

实现企业所有特征的分类别词云展示，一方面，可以了解企业到底有哪些特征，另一方面，了解各类标签对于企业表征程度，特征值越大，说明企业该特征越显著，越能表征企业的特性。

（2）排放特征。

基于排放特征标签，从治理设施、排口、生产设施以及各污染物排放规模层面全面刻画企业排放特征。

（3）企业标签查询。

就单个企业打上的标签进行展示，包括标签名、标签值的展示。

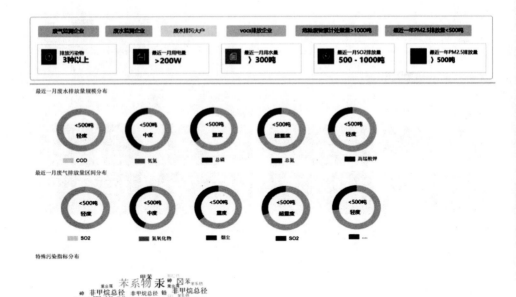

图 7.37 排放特征

（五）数据定制服务

数据定制服务通过提供自定义查询和报表、API 接口、AI 模型的定制服务，满足业务中经常变化的分析展现需求和获取不同资源的个性化需求，从而更好地满足日常业务的需求。

第六节　生态环境信息资源整合共享实施要点

完整的生态环境信息资源整合能力的构建步骤一般是"建立组织架构→数据需求梳理→数据盘点梳理→引进平台技术→汇聚多源数据及治理数据→数据共享"等。本节将主要围绕信息资源整合共享具体阐述实施原则、步骤、主要工具平台的功能，并基于实践经验，提出信息资源整合共享成功保障要素。

一、实施策略

（一）总体设计、分步实施

信息资源整合共享涉及的业务复杂、规模庞大、涉及的内外部组织和关系众多，信息化建设既不能急于一蹴而就，也不能坐等万事俱备；面向不同业务类别、地市区县、业务部门、执政需求，在总体设计方案框定全局的基础上，因地制宜、分步实施、梯度推进，使环境保护局的信息化建设过程在不断取得阶段性成果的基础上逐步完善：

1. 总体规划，借鉴经验

系统涉及多个业务和管理部门，为确保其建设的有序性，少走弯路，必须做好统筹规划。制定总体规划，搞好顶层设计；分析工程基础的、标准化的需求，研究国内外相关成果，借鉴电子政务特别是政府综合统计领域成功的信息化工作经验，形成并不断完善与自身相适应的总体规划。

2. 突出应用，狠抓关键

按照"有所为，有所不为"的思路，重点研究解决系统建设所需的业务和应用相关的全局问题，集中力量抓信息共享、业务协同的业务流程规范和数据标准化的相关项目；在整个信息化应用的推进过程中，必须紧紧抓住主线、突出重点，即以核心业务系统为重点。

3. 急用先上，循序渐进

按轻重缓急合理安排信息化建设、研究和开发项目；充分利用国家、行业的已有成果，结合业务管理的实际业务，把握需求牵引和技术驱动的统一。

4. 分步实施、突出重点

总体规划整体信息化进程，将跨年的建设目标分解为若干可操作控制的项目，分步实施，保证实施一个项目，整体进程推进一步，收获一份成果。

（二）稳妥试点、逐步推广

信息资源整合共享涉及系统开发和集成，在下属单位应用中，选定有基础、代表性和积极性高的试点单位，稳妥试点、分步实施，在成功试点的基础上推广。

具体选择试点单位时，我们认为应该依据如下一些指导原则：

广泛调研，集中试点：即在调研的过程中通过多样本调研，充分了解不同类型单位的业务需求，反映不同单位需求的多样性；在调研单位的基础上，进一步筛选能够集中体现不同类型业务需求的2-5家单位作为试点单位。

对系统建设的迫切程度和主要领导对项目的支持：试点单位应选择对信息系统有迫切需求且领导对项目非常支持的单位。

实施的人员条件：能够提供足够的合格的项目组成员参与试点工作。

管理水平：具备相当的管理水平，以便能够快速适应应用系统后的管理工作的要求。

具有集中的代表性：所选的试点单位能够集中体现调研单位选择的所有特点条件。

（三）知识转移、IT 服务

有效实施和使用必须依靠一批具备系统应用知识和精通专业知识的复合型人才，只有这样才能将环境信息化建设由初期的建设实施转到实质的推广使用和不断完善。知识转移的工作是一个持续和相互的过程，从资源整合共享开始的时候，环境部门相关业务骨干和技术骨干将进入项目，与项目建设方一同进行相关工作，在建设进行的过程中，甲乙双方的团队相互共享不同的知识；在系统上线和上线培训的过程中，先期进入的项目建设的骨干人员与乙方项目骨干共同承担起推广和上线培训的职能，全力将相关项目和系统知识转移到最终用户身上，确保项目的使用价值实现和系统持续完善。

二、实施步骤

（一）第一阶段：统筹规划

统筹规划过程，制定信息数据整合共享目标，建立信息资源整合管理组织和制度保障措施，盘点信息资源，制定信息整合共享标准规范等，该阶段成果是后续工作的基础。

基础数据的盘点是开展信息资源整合共享的前提之一，需要分析环境部门业务现状，结合当前大数据现状及未来发展，探寻环境内外部数据现状，确立信息整合共享建设目标，并逐渐实施需求调研、数据盘点、采集汇聚等专题任务。

（二）第二阶段：管理实施

统筹规划在于对信息资源的定义、规划、梳理，第二阶段是要完成第一阶段成果的落地实施。首先，在搭建数据资源中心、完成数据汇聚工作的基础上，根据环境部门自身数据基础和增量数据预估，建设数据资源中心平台以支撑管理工作，切实建立信息资源整合共享能力。其次，要建立安全管理体系，防范数据安全隐患，执行数据安全管理职能。再次，还需要制定和管理主数据，以明确核心业务实体的数据，从而自动、准确、及时地分发和分析整个环境数据，并对数据进行验证。

（三）第三阶段：数据稽核

稽核检查阶段是保障信息资源整合共享实施阶段涉及各管理职能有效落地执行的重要一环。这个阶段包括检查数据标准执行情况、稽核数据质量、监管数据生命周期等具体任务。

(四) 第四阶段：数据共享

信息资源作为一种无形资产，只有对信息资源价值进行合理的评估，才能以更合理的方式管理内部数据和提供数据对外服务。信息资源内部共享和外部服务提供需要加强管理运营手段和方式方法，促进信息资源对内支撑业务应用，对外形成数据服务能力，打造数据全面共享能力。信息资源内部共享主要是消除环境部门内部数据孤岛，构建环境部门内部数据共享平台，打通各部分各系统的数据，使更多的数据可以成为资产，应用于数据分析，全面动态促进数据价值的释放。信息资源外部服务主要是实现信息资源价值的社会化，需要从数据安全管理及合规性、信息资源成本及价值创造、组织结构优化、数据质量提升等方面进行规划并不断迭代，持续优化信息资源管理能力。

三、软件工具

(一) 数据交换平台

数据集成与交换平台实现源端与目标端数据的传输交换，既支持业务系统数据、外委办厅局数据、互联网数据、下级单位数据交换至大数据资源中心，也支撑大数据资源中心中的数据面向生态环境内部、外委办厅局、公众数据共享。

数据交换平台实现关系型数据、半结构化数据、时序数据、对象数据各类数据的批量导入，实现数据的高效集成交换，是数据由业务系统至数据资源中心、由数据资源中心至对外共享库的传输交换中心。

数据交换与集成平台架构由交换服务总线、开发平台、管理平台、数据交换标准等部分组成，如下图所示：

交换服务总线是平台的核心，负责解析数据集成模型定义、处理请求、处理引擎自身的模型调度等。可以满足大规模数据的并发处理，完成数据交换与集成场景。总线基于数据流向的数据结构处理，在大规模、复杂的数据处理场景中依然具有非常高的性能以及稳定性，适用于环保、电子政务、电信、银行、制造等行业。

开发平台是一个集开发、调试、配置、部署功能于一体的平台。通过该平台实现从数据集成需求到实现的快速转化，并实现对整个生命周期的管理。提供可视化数据模型定义与调试、可视化的模型性能监控、元数据管理以及数据处理模型部署功能。

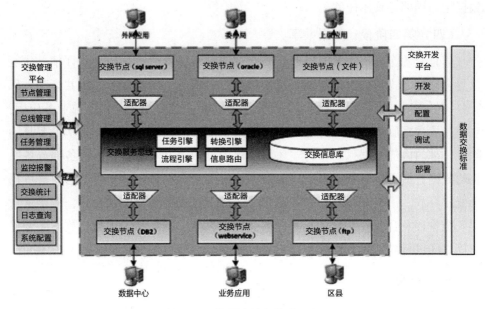

图 7.38　数据交换与集成平台

管理平台提供系统管理监控与任务调度工具，系统管理员可以通过它对数据处理模型以及数据处理引擎进行配置和管理。

数据交换平台提供多租户管理能力，各业务厂商能够通过独立账号进行数据交换任务的快速配置，实现数据交换并发调度，多厂商并行工作能够提高数据汇聚效率，快速响应数据汇聚的需求。典型示例如下：

1. 交换服务总线

交换服务总线基于 Java 和标准的 J2EE 规范构建，保证了交换平台本身及创建的服务、组件和业务流程应用能够跨平台部署和运行，支持市场上常见的 Linux、Windows 及 Unix 操作系统。

交换服务总线是平台的核心，负责解析数据集成模型定义、处理请求、处理引擎自身的模型调度等。数据集成引擎可以满足大规模数据的并发处理，完成数据交换与集成场景。数据集成引擎基于数据流的数据结构处理，在大规模、复杂的数据处理场景中依然具有非常高的性能以及稳定性，适用于环保、电子政务、电信、银行、制造等行业。

交换服务总线包括任务引擎、转换引擎、流程引擎等引擎，分别实现对任务的调度管理和完成实际数据抽取、加工处理、加载的执行。此外服务器基于 HTTP 协议开放服务器的监控管理等功能。

2. 管理平台

管理平台提供系统管理监控与任务调度工具，系统管理员可以通过它对数据处理模型以及数据处理引擎进行配置和管理。管理平台与其他部件结合是快速构建数据中心、实现数据交换与集成的理想平台，在实施过程中可以对开发过程实现规范化、调度管理统一化、监控可视化等。同时也可以与第三方处理引擎实现互补，增强其统一调度、全局监控等功能。

管理平台的功能特性包括：

（1）多资源库管理和切换。

（2）数据集成模型全生命周期管理与任务调度、监控。

（3）实现数据处理作业自动化。

（4）资源监控与负载均衡。

（5）数据集成平台资源与权限管理。

图7.39　交换管理平台（图片来自于内蒙古自治区生态环境大数据平台）

3. 开发平台

开发平台是基于SWT技术开发的可视化流程设计器，是一个集开发、调试、配置、部署等功能于一体的平台。通过该平台实现从数据集成需求到实现的快速转化，并实现对整个生命周期的管理。提供可视化数据模型定义与调试、可视化的模型性能监控、元数据管理以及数据处理模型部署等功能。

开发平台提供大量的任务组件和转换组件，用户可以通过拖拽的方式快速完成各种复杂数据集成需求和集成的调度控制。如多源的数据合并、数据的路由、数据行列转换、字典表查询、定时重启、循环调度、流程告警等。

组件集包括了一组与数据集成相关的服务构建，通过这些丰富的组件，开发人员可以在集成开发环境下基于可视化的组件图元快速开发出高效的数据处理模型。包含了一组对不同数据源、关系型数据的数据抽取组件，支持 XML、Excel 等半结构化数据，支持 CSV、TXT 等非结构化数据，支持 Oracle、MS SQL Server、MySQL、DB2、Sybase、Informix 等关系型数据库，支持 ArcGIS 空间数据库，支持 Cassandra、Hadoop、HBase 等非关系型数据库。数据转换组件集包含了一组对数据进行转换、过滤、清洗、合并的组件，以实现对复杂、凌乱数据的业务处理。借助平台的数据转换组件库，可以实现：

- 对数据按照某一标识进行拆分。
- 根据字段值的不同进行数据映射。
- 对一份数据按照不同类型进行分组。
- 针对源数据库与目标数据库的字段名称不同进行映射。
- 将两份数据合并成一份。
- 将一份数据按照某一列的值进行排序。
- 指定一个逻辑条件进行数据的过滤。
- 对数据中牵扯到的数值信息进行数学计算。
- 对两份数据进行全文比对，找出其中的异同。
- 对无法满足的需求可借助 Java Script 功能自定义处理方式。

同时提供强大的调试预览功能，可以在开发过程中实现数据行级别的调试和预览，跟踪和观察每一行数据经过数据集成流程中每一个转化组件进行加工处理的结果，最后可以将完成开发的数据集成流程保存到交换信息资源库中。

开发平台的集成开发环境的功能特性包括：

（1）可视化数据模型定义。

- 用拖拉方式画出数据交换模型。
- 支持多种增量数据抽取方式。
- 无需编写代码即可调试数据处理模型。
- 支持全局变量、本地变量配置。
- 支持快速查看源数据。

（2）可视化的模型性能监控。

根据数据交换模型配置，运行时通过开发平台界面可实时监控数据输入、输出 IO 性能，更可以监控交换模型中每一个组件的数据处理性能，对性能优化工作提供必要的数据支撑。

（3）资源库管理。

开发人员可通过开发平台对底层资源库进行资源查看、检索、更新等操作，通过资源库管理可实现团队模型管理、版本控制等。

（4）数据处理模型部署。

通过开发平台可将开发好的数据处理任务部署到服务总线，并通过管理平台对其进行管理调度、优化治理。

4. 多租户管理

（1）平台为每个业务厂商提供独立账号，每个业务厂商使用账号进入平台，实现数据汇聚过程的一系列操作，同时平台提供给其独立的存储空间、任务配置调度、日志写入优化等功能；

（2）为了保证各业务厂商任务配置快速、高效，平台升级任务并发调度功能，避免由于汇聚任务并发配置而引起平台无法支撑的状况；

（3）平台提供并发写入日志的功能，优化日志写入方式，同时内置定时清理日志任务，修复定时任务不执行的问题，在任务调度增加频率合理性校验；

（4）升级多租户的资源库选择配置功能，不同业务厂商可定义配置其对应的资源库。

（二）数据治理平台

构建大数据治理组件，提供从元数据至主数据的全面质量管理与安全管控的组件体系。大数据治理组件包括数据标准管理、元数据管理、主数据管理、数据质量管理和信息资源、数据安全管理，实现对数据生命周期的管理，方便对各类数据进行增删、查询、维护，保证数据安全和质量。

1. 数据标准管理

数据标准管理系统参考国家标准、行业相关标准规范，建立数据资源中心固定源主数据、公共代码信息项目管理平台，建立统一的标准体系，打破各数据来源数据互联共通的障碍，提高数据整合共享的质量和效率。主要包括：

（1）数据标准信息项管理。

数据标准信息项管理对业务系统数据源的配置维护、公共代码的维护。

（2）数据标准信息项服务。

提供数据标准信息项服务，各业务系统可通过该功能获取数据标准信息项信息，并可通过文本、接口、样例库的方式获取标准信息项。

2. 元数据管理

通过元数据管理平台可以实现：一是对所有数据库元数据结构的统一集中

分类管理，实现元数据全貌可视化；二是在项目实施和运维过程中，通过定期扫描数据结构，可以对其数据库设计规范性进行评估审核，掌握元数据质量；三是通过版本比较，可以发现和管理公共共享数据库结构的变化，从而确保变更流程可控；四是通过元数据管理，今后可以跟踪数据的来龙去脉，确保每个最终数据指标的可追踪。同时，元数据还以接口的方式提供查询服务。主要包括元数据目录维护、元数据采集、元数据维护、元数据评分、元数据版本管理、元数据校核功能。

（1）元数据目录维护。

完成对元数据目录分类的管理维护功能。

（2）元数据采集。

元数据采集基于关系数据库适配器实现对关系数据库定时自动的采集元数据，保证元数据数据的及时更新，采集来自 Oracle、DB2、SQLServer 关系型数据库的库表结构元数据信息。元数据采集包括数据源管理、采集任务管理、采集日志管理功能。

（3）元数据维护。

元数据维护实现对元数据基本信息、属性的修改维护操作。它是最基本的管理手段之一，技术人员和业务人员都会使用该功能查看元数据的基本信息。

（4）元数据评分。

元数据评分基于不同权重规则实现对元数据质量的评估打分，评估各个系统的元数据的质量情况。

（5）元数据版本管理。

元数据版本管理提供元数据的生命周期管理，发布、删除和状态变更都有严格的流程，并提供了版本管理功能，这些都确保元数据的质量，保证了后续使用元数据系统的权威性和可靠性。

（6）元数据校核。

元数据校核实现对指定元数据基准版本与对比版本的元数据内容校核，通过校核可发现表元数据的增加、减少、修改、不变情况，同时提供差异脚本下载功能。

（7）元数据服务。

元数据服务包括元数据查询服务、元数据接口服务功能。元数据查询服务根据搜索条件，查询符合条件的元数据内容。

3. 主数据管理

通过对固定源的基本信息进行统一管理。形成一套唯一的、权威的主数据，为业务协同、数据共享提供有力支撑。具有固定源主数据管理权限的用户，对固定源主数据结构及信息可进行及时的维护、更新和发布，满足业务发展的需要。

（1）固定源主数据结构管理。

对主数据结构进行维护。面向信息管理部门，提供手工维护固定源档案信息、环境质量档案信息的功能，为建立标准的一源一档提供支撑。固定源主数据主要维护包括企业信息项、固定源信息项。环境质量测点主数据管理主要管理维护环境测点基本信息、位置信息信息项。

（2）固定源主数据治理及初始化。

通过固定源数据整合匹配、清洗治理实现不同来源的生成唯一、准确的统一固定源主数据信息，为每个业务部门提供统一的固定源主数据服务。主要完成固定源基本信息质量检查、标准源生成、智能补值、固定污染源去重、固定污染源匹配、固定污染源赋码、标准源结果生成功能。

（3）固定源主数据信息维护。

污染源主数据信息管理实现对污染源主数据结构管理中设定的信息项内容的维护管理，包括污染源名称、污染源编码、污染源地址、所属行业内容信息。

提供对环境管理数据进行管理，环境管理属性配置包括属性名称、属性类别、公共代码类别以及环境管理属性状态情况。用户通过对环境管理属性进行配置，即可进行环境管理数据的管理。

4. 数据质量管理

随着生态环境数据的集成范围和使用范围不断扩大，数据来源和数据标准不一、相关规范不完善导致了数据资源的"贬值"，比如信息缺失、系统间数据不一致、数据更新不及时进而影响数据挖掘、业务统计多数据应用的精准度和可靠性。因此需要建立数据质量管理平台对"数据源-数据集成-数据整合-数据应用"全过程进行有效的数据质量管控。

通过建立不断完善的数据质量管理体系，及时发现、准确定位和快速解决各环节的数据质量问题，并完成数据质量全面评估、动态监控以及异常数据处理情况跟踪，对所有环境数据质量进行全面的体检，并定期出具质量检查报告，不断提高数据质量管理水平和生态环境大数据分析应用的业务价值。

数据质量管理平台基于完善的数据质量管理标准规范体系，将元数据库、

ODS、数据仓库和数据集市各环节都纳入到数据质量问题发现–评估–监控–改进–跟踪的闭环质量管理流程，及时发现并解决数据质量问题，提升数据的完整性、及时性、准确性及一致性，降低数据管理成本和给数据资源"升值"。

对于数据来源系统运营单位，可依托数据质量平台完成数据质量自检，确保进入中间库的数据质量可信可靠；对于生态环境大数据平台运营单位可对进入数据资源中心库的数据进行质量检查，从而进一步确保数据质量；对于生态环境大数据应用平台，通过数据质量平台的校验可以评估数据的可用性并进行预处理，提高大数据分析计算结果的精准性和可靠性。

（1）评估规则管理。

基于数据质量评估规则定义和检查方案的管理，系统通过内置的调度引擎，实现对数据质量的具体的评估管理功能，实现源端数据、目标端数据的质量评估。通过加强数据质量校验规则，可以从数据的一致性、引用完整性、记录缺失、重复数据、空值检查、值域检查、逻辑校验、及时性检查、规范性检查多方面对所有环境数据质量进行全面的体检，并定期出具检查报告，确保数据质量可靠。

（2）数据质量监控。

提供对各类数据质量评估结果的监控，包括规则的运行结果和方案的综合评估结果。可以通过执行报告和执行结果监控检查方案运行状态是否正常、各规则执行结果异常情况。

（3）数据质量评分。

依托质量评估结果，提供对方案的运行结果的打分评估，包括方案运行时间、报送数据量、问题数据量、问题数据占比、评分信息，让用户全面获取数据质量情况。

（4）数据质量报告。

为用户更全面、快捷地了解数据质量评估成果，提供质量评估报告、质量绩效报告、质量监控报告三类报告的输出，极大满足用户对数据情况的实时掌握需求。

5. 数据安全管理

随着大数据时代的到来，数据的重要地位日益突出，数据已经发展为资产的观念已被社会所认可，如何保护"信息资产"成为数据安全的重中之重。通过数据安全管理，对用户使用痕迹进行跟踪、对数据权限进行管理，充分维护了数据的安全，避免数据丢失、中毒事故的发生，为信息中心开展信息化工作提供数据安全保障，为业务开展提供有效数据支撑。

数据安全管理功能可对用户行为进行监控，记录行为日志，支持数据溯源和安全审计，记录应用系统重要安全事件，包括事件的日期、时间、发起者等。

对于时序数据表、非结构化数据类型、结构化数据表提供完善的用户权限控制；对于接口调用提供访问鉴权；对于资源和接口提供使用痕迹审计；对于底层 HDFS 文件系统提供透明加密功能。

（三）数据服务平台

生态环境大数据资源中心提供数据共享服务，通过提供接口的方式，实现内、外部数据服务共享，极大提升了开发效率及数据共享能力。

数据服务平台实现内、外部服务的注册、集中管理、服务安全加固、服务性能优化等内容，是应用支撑平台向外提供服务的通道。

1. 服务注册发现

通过服务的路由能力使各业务系统之间松耦合。

➤服务注册：服务提供者启动时，根据配置，向注册中心注册自己提供的服务（每个进程级服务有自己的独立标识）；

➤服务发现：服务消费者启动时，根据配置，向注册中心订阅自己需要的服务，缓存到本地的路由表；

➤服务更新：如果服务发生变化，服务中心主动推送服务列表到消费者，消费者刷新本地路由表；

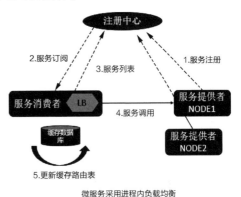

图 7.40　服务采用进程内负载均衡

2. 服务集中管理

按照对象类型，服务管理分为服务提供商管理、服务注册管理、服务消费者管理、服务授权管理，为用户提供快捷的服务管理。

3. 服务安全加固

服务安全对信息化尤其重要，微服务服务管理平台通过服务认证、服务访问授权和服务黑名单，对服务安全进行了深度加固。

4. 服务性能优化

服务消费者通过进程内负载均衡、服务熔断限流、外部缓存技术来保证和提升服务性能。

图 7.41　服务管理（图片来自于内蒙古自治区生态环境大数据平台）

5. 服务调用监控

微服务平台对服务的每次访问都记录了详细的日志，以监控数据为基础提供了数据查询和数据分析功能，方便用户快速获取服务情况。

（四）数据资源目录

大量数据资源在使用过程中往往会忽视对于数据的系统性保护与管理，从而导致了数据的价值未被充分开发，数据丢失损坏，难以检索及重复利用，信息资源管理在数据资源梳理整合基础上，通过对资源目录分类管理、数据集元数据管理、指标元数据管理、数据权限管理，为实现资源的高效共享提供基础支撑。

1. 目录管理

资源目录管理是对资源目录体系（包括环境要素分类、组织机构分类、环境业务分类）及分类目录，通过新增、编辑和删除的方式实现资源目录快速的管理维护。为实现资源目录快速的搜索定位提供的多种搜索方式，包括关键字搜索和资源目录体系切换（按环境要素分类、按组织机构分类、按业务体系分类）的方式。

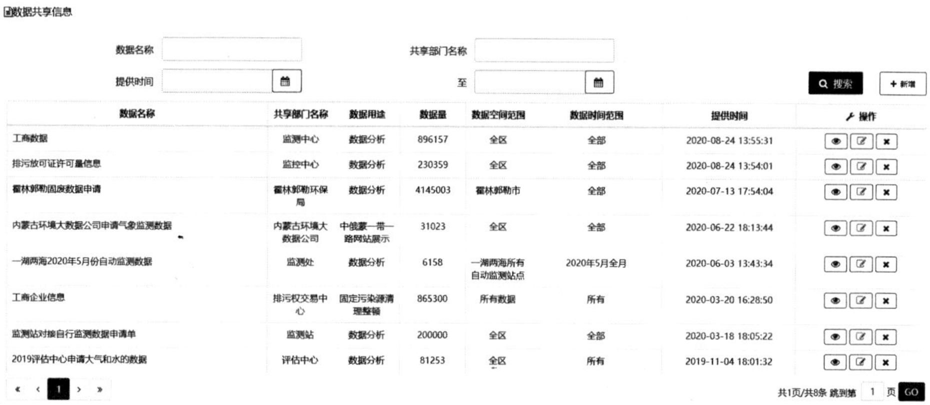
数据共享信息

数据名称　共享部门名称
提供时间　至　搜索　+ 新增

数据名称	共享部门名称	数据用途	数据量	数据空间范围	数据时间范围	提供时间	操作
工商数据	监测中心	数据分析	896157	全区	全部	2020-08-24 13:55:31	
排污放可证许可量信息	监控中心	数据分析	230359	全区	全部	2020-08-24 13:54:01	
霍林郭勒固废数据申请	霍林郭勒环保局	数据分析	4145003	霍林郭勒市	全部	2020-07-13 17:54:04	
内蒙古环境大数据公司申请气象监测数据	内蒙古环境大数据公司	中俄蒙一带一路网站展示	31023	全区	全部	2020-06-22 18:13:44	
一湖两海2020年5月份自动监测数据	监测处	数据分析	6158	一湖两海所有自动监测站点	2020年5月全月	2020-06-03 13:43:34	
工商企业信息	排污权交易中心	固定污染源清理整顿	865300	所有数据	所有	2020-03-20 16:28:50	
监测站对接自行监测数据申请单	监测站	数据分析	200000	全区	全部	2020-03-18 18:05:22	
2019评估中心申请大气和水的数据	评估中心	数据分析	81253	全区	所有	2019-11-04 18:01:32	

« ‹ 1 › »　共1页/共8条 跳到第 1 页 GO

图 7.42　资源目录管理（图片来自于内蒙古自治区生态环境大数据平台）

2. 数据集管理

数据集管理是通过对资源目录分类的数据集数据元、元数据、权限等进行统一管理，为资源的共享提供数据支撑。通过对数据集新增、删除、发布、下载、查看、搜索、排序等功能，实现数据集的灵活管理；通过对数据集总数量、被访问情况等灵活统计，方便、快速的掌握数据集维护和共享情况；通过将数据集与分类目录所对应的分类节点建立关联，实现数据集一次维护，多目录展示，降低数据集维护成本、保证一致性。

3. 权限管理

通过对所有账号进行权限的分配和管理，实现对不同用户数据集查阅、下载权限的分层管理。

4. 资源整理与初始化

基于构建好的资源目录功能，协助用户对历史数据进行元数据整理和资源编目，将历史数据批量导入数据资源中心，在共享资源目录体系中进行发布，供各单位用户查询、浏览、下载。

图 7.43　数据集管理（图片来自于内蒙古自治区生态环境大数据平台）

图 7.44　数据集权限管理（图片来自于内蒙古自治区生态环境大数据平台）

（五）数据监控

通过智能运营监控，对现有数据资源应用、集成、交换情况进行监控统计，以便用户及时掌握整体数据资源情况，基于此实现大数据资源中心与其他业务系统之间的数据交换集成情况监控、对监控情况进行多维度的统计分析。

1. 总体监控

对数据资源的接入情况、监管对象情况和共享情况进行总体监控展示，实现数据资源从进入、管理、应用的全生命周期的监控可视化展现，对数据资源的管理做到心中有数。通过对数据资源及不同资源类型的数据总量、数据资源的汇集、实时数据资源的接入情况等，全面地掌握数据的接入情况；通过对空气测点、水质断面、污染源各监管对象的分布情况，实现监管对象可视化的管理；通过对数据服务、资源的访问、接口的调用监控展示，快速了解数据资源的共享情况，为提升共享质量提供依据。

2. 数据交换监控

提供对于各数据交换的业务来源系统进行管理与监控，同时提供对全部数据交换任务的管理与监控。对每个交换任务的执行次数、交换量、交换状态进行监控。及时对异常交换任务进行提示，实时记录监控日志，并可对监控日志进行查询。

3. 数据服务监控

对数据共享服务是否正常进行监控，并且可以对数据服务调用次数进行监控，还可对各个数据服务调用的日志进行查询。

4. 数据访问监控

提供对资源访问情况的统计功能，集中展现资源访问情况，实现访问情况查询。同时，可对用户对资源的访问情况进行统计，实现信息查看。

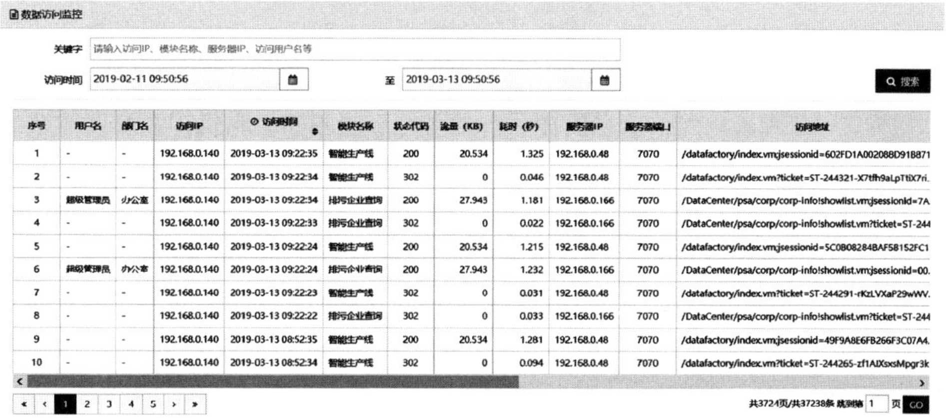

序号	用户名	部门名	访问IP	访问时间	模块名称	状态代码	流量（KB）	耗时（秒）	服务器IP	服务器端口	访问地址
1	-	-	192.168.0.140	2019-03-13 09:22:35	智能生产线	200	20.534	1.325	192.168.0.48	7070	/datafactory/index.vm;jsessionid=602FD1A002088D91B871
2	-	-	192.168.0.140	2019-03-13 09:22:34	智能生产线	302	0	0.046	192.168.0.48	7070	/datafactory/index.vm?ticket=ST-244321-X7tfh9aLpTtiX7ri.
3	超级管理员	办公室	192.168.0.140	2019-03-13 09:22:34	排污企业查询	200	27.943	1.181	192.168.0.166	7070	/DataCenter/psa/corp/corp-info!showlist.vm;jsessionid=7A
4	-	-	192.168.0.140	2019-03-13 09:22:33	排污企业查询	302	0	0.022	192.168.0.166	7070	/DataCenter/psa/corp/corp-info!showlist.vm?ticket=ST-244
5	-	-	192.168.0.140	2019-03-13 09:22:24	智能生产线	200	20.534	1.215	192.168.0.48	7070	/datafactory/index.vm;jsessionid=5C0B08284BAF58152FC1
6	超级管理员	办公室	192.168.0.140	2019-03-13 09:22:24	排污企业查询	200	27.943	1.232	192.168.0.166	7070	/DataCenter/psa/corp/corp-info!showlist.vm;jsessionid=00.
7	-	-	192.168.0.140	2019-03-13 09:22:23	智能生产线	302	0	0.031	192.168.0.48	7070	/datafactory/index.vm?ticket=ST-244291-rKzLVXaP29wWV.
8	-	-	192.168.0.140	2019-03-13 09:22:22	排污企业查询	302	0	0.033	192.168.0.166	7070	/DataCenter/psa/corp/corp-info!showlist.vm?ticket=ST-244
9	-	-	192.168.0.140	2019-03-13 08:52:35	智能生产线	200	20.534	1.281	192.168.0.48	7070	/datafactory/index.vm;jsessionid=49F9A8E6FB266F3C07A4.
10	-	-	192.168.0.140	2019-03-13 08:52:34	智能生产线	302	0	0.094	192.168.0.48	7070	/datafactory/index.vm?ticket=ST-244265-zf1AIXsxsMpgr3k

图 7.45　数据访问监控

四、成功保障

为了更好完成信息资源整合共享，需要从各个层面做好管理保障措施，从战略规划层面指导实施合理规范进行；从组织层面保障统一管理调度。用管理制度约束责任与义务，通过合作交流与宣贯培训进一步积累经验，掌握方法应用于实施过程。

（一） 战略规划保障

从管理层、领导层出发，从顶向下全局部署信息资源整合共享规范，从而形成全面的标准规则体系和执行调度流程。战略规划是信息资源管理成为企业战略核心任务应用的重要部分，是信息资源得到一定程度内外部应用的指导蓝图。

（二） 组织领导保障

建立由生态环境管理部门主管领导任组长、分管领导任副组长、各业务单位负责人为组员的生态环境信息资源整合领导小组，统一领导生态环境信息资源整合与信息化建设工作。建立生态环境信息资源整合共享集中、开放、共享的考核指标，纳入与信息化推广应用密切相关的部门、地市及区县的年度绩效考核体系。加快部门业务工作数字化，推进本部门数据收集整理工作，推动生态环境信息资源整合共享建设进度。

（三） 管理制度保障

加快制定生态环境信息资源管理办法及信息资源整合共享管理办法等管理规范，明确各部门的数据责任、义务与使用权限，合理界定业务数据的使用方式与范围。健全生态环境信息资源标准体系，制定整合共享的采集、开放、共享、分类、质量、安全管理等标准，逐步做到生态环境信息资源整合建设和管理工作有章可循、有据可依。

为进一步保障、评估信息资源治理的规范、规划、组织机构、制度体系的执行状况，保障、评估信息资源的安全性、准确性、完整性、规范性、一致性、唯一性和时效性，需有完整的贯穿信息资源管理整个流程的审计机制。审计方式从审计体系规范建设入手，信息技术审计方法和专职人员审计方法并行。审计对象包括数据权限使用制度及其审批流程、日志留存管理办法、数据备份恢复管理机制、监控审计体系规范以及安全操作方案等体系制度规范以及敏感、重要数据。数据资产管理在实施过程中需要保障集中审计的可行性

（四） 合作交流保障

加强生态环境信息资源整合的国际和国内交流合作，积极促进政府、企业、高校、社会团体等的工作交流、经验分享和项目合作。加强与国内省区市以及各个地市之间的合作交流，充分吸收先进的经验和做法，实现优势互补、互利共赢。

（五） 宣贯培训保障

宣贯培训是信息资源整合共享不断推进的重要组成部分，是信息资源管理

理论落地实践、流程执行运作的基础。定期开展数据集成规范与方法、信息资源治理内容及要求、数据共享流程与内容的相关培训，进一步保障数据整合共享的顺利实施。

第七节　信息资源整合共享指导规范

在生态环境大数据项目建设过程中，标准的建立和实施是非常重要的一项基础性工作。统一标准是保证各系统互连互通、信息共享、业务协同的基础。搞好标准化，对于加快项目建设，提高工程质量，充分利用资源，保障工作效率，都有重要作用。通过制定和贯彻执行各类规范，从技术上、组织管理上把各方面有机的联系起来，形成一个统一的整体，保证大数据资源中心建设有条不紊的进行。因此，规范建设是生态环境大数据资源中心的重要组成部分。

一、《信息资源管理办法》

在生态环境大数据项目建设过程中，制定《环境数据资源中心环境数据管理制度》，以规范地方环境数据更新管理工作，保证数据的及时性和有效性，规定污染源数据的录入、审核、入库等工作步骤。

二、《数据资源中心公共代码规范》

在生态环境大数据项目建设过程中，制定《环境数据资源中心公共代码规范》，将按照分类原则、分类方法、类目编码规则、代码编码规则、编码依据、编码方法规范环境数据资源中心公共代码，以保障环境数据资源中心各项数据的标准统一。

三、《数据集成交换技术规范》

在生态环境大数据项目建设过程中，制定《环境数据资源中心数据交换技术规范》，规范环境数据资源中心传输交换的模型、方式、流程、节点技术要求和异常信息编码，用于指导环境数据资源中心与各业务系统间，与部、省、市、区县各部门间以及不同网络间的数据传递。

四、《数据质量校验技术规范》

在生态环境大数据项目建设过程中，制定《环境数据资源中心数据质量校验技术规范》，规定数据在完整性、一致性、更新及时性、重复数据、公共代码合规性、值域、规范性等方面的质量管控要求，用于指导各级生态环境部门和其他委办局的业务系统数据质量校验，以及在数据交换、数据共享过程中源端或目标端应遵循质量规范。

五、《固定污染源主数据技术规范》

在生态环境大数据项目建设过程中，制定《环境数据资源中心固定污染源主数据技术规范》，规定了污染源主数据数据元信息及使用、污染源编码规则、污染源主数据信息共享使用、污染源主数据动态，适用于地方生态环境相关固定污染源管理部门对固定污染源管理工作的开展涉及的各业务系统。

六、《资源目录分类与编码规范》

在生态环境大数据项目建设过程中，制定《生态环境大数据资源目录编制规范》，将按照环境业务、组织机构、环境要素梳理规范资源目录分类体系，规范数据集的元数据相关内容，明确数据指标、来源、格式、属性、覆盖范围、获取方式、更新频率、共享方式、使用要求等核心元数据描述信息，作为各部门编制业务信息资源目录的依据，各业务部门对本部门与环境相关的信息资源进行梳理，依据《规范》编制环境业务数据资源目录，汇总后，形成生态环境大数据资源目录。

七、《信息资源发布与使用规范》

在生态环境大数据项目建设过程中，制定《信息资源发布与使用规范》，规定生态环境保护信息化工程共享信息资源（以下简称"生态环境工程共享资源"）的发布内容、发布范围、发布方式、发布流程、使用规定和资源服务等技术要求。适用于生态环境内部、外部委数据发布与使用，提供生态环境资源获取共享的通道。

第八章

生态环境大数据管理支撑平台

生态环境大数据管理支撑平台在采集、集成、管理大量环境数据之后，围绕生态环境业务需求，对数据进行深入挖掘，并依托大数据基础管理和大数据应用支撑，结合环境管理业务，为生态环境部门提供便捷的数据挖掘、分析算法，为业务应用提供预测、对策、决策数据支撑，辅助环保部门进行环境问题分析、趋势发展判断，支持生态要素的各类复杂分析与应用。

第一节　生态环境大数据管理支撑平台概述

一、平台发展现状及问题

党中央、国务院高度重视我国大数据的发展和应用，将大数据确定为国家级发展战略，随后各部门相继推出了指导意见以及落地政策。生态环境部印发《生态环境大数据建设总体方案》，明确提出生态环境部门要挖掘数据价值，辅助提升宏观决策能力。国务院办公厅印发《关于构建现代环境治理体系的指导意见》，提出构建党委领导、政府主导、企业主体、社会组织和公众共同参与的现代环境治理体系，形成导向清晰、决策科学、执行有力、激励有效、多元参与、良性互动的环境治理方式。

因此，依托大数据、云计算等技术手段推进环境治理能力现代化已成为必然趋势，随着大数据时代的到来，生态环境大数据给生态环境领域研究带来了新的机遇与发展。

（一）传统平台的技术局限性，不能满足新形势新的数据管理需求

随着技术的进步，环境数据逐步呈现容量大、类型多、存取速度快的特点，传统的环境资源数据中心在大容量数据吞吐、PB 级数据存储、数据实时采集与传送等方面均面临瓶颈性问题，不能满足新形势下的数据管理需求。

（二）数据对业务的支撑不足，数据没有深度挖掘，体现资产价值

没有应用，数据永远只是数据，海量的数据，只有在应用中才能发挥价值。目前环境业务信息系统积累了一定的环境管理数据，但多数依然停留在原始数据收集展示的层面上，无法做到智慧化的分析与发掘，为环境科学决策提供支撑的能力明显不足。如何进一步扩大环境生态数据开发的深度和广度，真正将数据资源转化为智力资源，是大数据时代环境治理创新必须认真思考的问题。

二、平台定位及重要意义

生态环境大数据管理支撑平台是智慧环保环境监管、目标管控与各类服务等上层应用的建设基础。生态环境大数据管理支撑平台提供两种支撑能力：一是提供大数据存储、分析执行基础能力，主要包括大数据存储能力、数据分析计算能力、全文检索以及平台运维管理能力；二是基于大数据技术能力以及丰富业务分析场景积淀，构建数据价值发现、挖掘分析平台与可视化场景服务，为目标管控、环境监管及各类服务提供辅助管理与决策支撑。重要意义在于：

（一）拓展大数据存储分析能力

拓展大数据的存储能力，重点解决复杂结构化、半结构化和非结构化大数据管理与处理技术，提供海量数据的存储管理能力、大数据分析服务能力、大数据安全管控能力，同时提供人工智能、机器学习、模式识别、可视化技术等大数据技术，挖掘隐藏于海量数据中的信息和知识来提供预测、预警、溯源、模拟模型支持能力，为各类大数据应用建设政府科学决策提供支撑。

（二）促进大数据融合共享能力

利用统一的信息标准和技术规范，建立以环保部门业务数据、监测物联网传感器数据为主，自然资源、水利、农业、林业、气象、海洋等外委办局数据、社交网络交互数据及移动互联网数据等为辅的覆盖环境全业务的大数据资源体系，推动面向环境内部、外委办厅局、社会公众的数据资源共享服务和生态环境数据开放。

（三）助力环境精准监管和科学决策

构建数据智能化创新环境，实现监管对象特征提取、数据分析挖掘，并通过可视化展示方式，将看不见摸不到的环境问题直观展示出来，服务于监测、执法、环境形势综合研判、环境政策措施制定、环境风险预测预警、重点工作会商评估，提高生态环境综合治理科学化水平，提升环境保护参与经济发展与

宏观调控的能力。

第二节　生态环境大数据管理支撑平台的体系架构

一、总体架构

（一）设计理念

1. 遵循数据中台设计体系方法，着力提升平台的基础能力，从存储结构、执行环境构建、计算能力支撑几个层面持续提升中台服务能力。

2. 以提升智慧服务能力、解决环境问题为目标，依托大数据分析技术，结合业务场景积淀优势，积累、创新环境行业模型、管理对象标签，进一步提升环境行业分析能力。

（二）总体架构

遵循以上设计理念，生态环境大数据管理支撑平台是整个数据中台的重要组成部分，如图 8.1 所示：

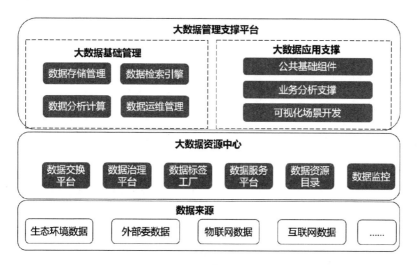

图 8.1　总体架构图

1. 大数据资源中心

生态环境大数据资源中心将依托生态环境信息资源整合共享，重点解决复杂结构化、半结构化和非结构化、时序数据高效接入、有效整治与融合，为提高海量环保数据存储、查询、分析提供基础数据支撑（相关介绍详见第七章）。

2. 大数据基础管理

从数据存储、分析计算、检索引擎、运维管理四个方面说明大数据基础管理的能力，生态环境大数据基础管理为整个生态环境大数据管理支撑平台提供基础能力平台，主要包括大数据存储能力、数据分析计算能力、全文检索以及平台运维管理能力，为数据资源中心建设、大数据应用支撑提供有力保障。

3. 大数据应用支撑

大数据应用支撑是业务与分析技术充分结合的、业务能力不断积淀的、数据价值持续提升的数据智慧生产中心。以大数据资源汇聚成果、管理支撑能力为基础，基于物联监测、遥感、视频多源异构数据，结合业务分析场景需求，深度挖掘业务内在逻辑与关联性，从业务深度、广度双向加持，不断沉淀环境行业模型以及环境管理对象特征，从而为大数据分析场景、精细化监察执法业务分析应用提供辅助决策支撑。大数据应用支撑除丰富的业务积淀外，还具备敏捷数据分析开发能力，从模型计算、标签生成、可视化支撑、公共基础组件支撑几个层面为智能分析成果生产助力。主要包括公共基础组件、业务分析支撑与可视化场景开发。

二、技术架构

为保证项目的先进性，以更好满足用户实际工作需求，最大限度发挥项目的作用，在项目建设过程中将应用多种技术和大数据管理支撑相关的技术。架构主要体现在数据支撑层与应用支撑层。整体技术架构图如图8.2：

系统自底向上分为四层：基础设施层、数据服务层、应用支撑层、业务应用层。

1. 基础设施层

由环保云平台提供计算资源、存储资源、网络资源等硬件保障，为上层提供基础的硬件服务。

2. 数据服务层

数据支撑层包含三大类服务：数据接入服务、数据存储服务和数据分析计算服务。

数据接入服务提供了数据接入能力，针对不同的数据类型和接入场景，提供不同的技术实现。

数据存储服务针对结构化数据、半结构化数据、非结构数据的特点，采用不同技术提供了分门别类的专用存储服务。

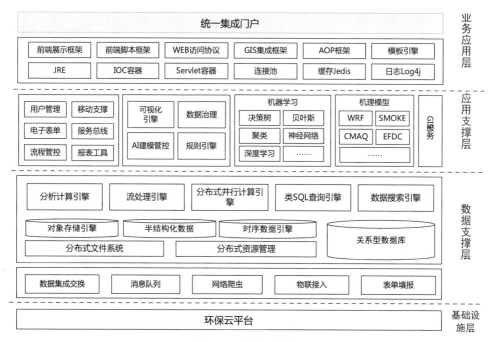

图 8.2 技术架构图

数据分析计算服务是为上层应用提供数据应用的底层能力，如计算、查询、统计、分析等。

3. 应用支撑层

应用支撑层介于数据服务层和业务应用层之间，提供技术层面的通用组件或服务，同时提供数学模型，为上层具体业务提供模型支持。本层主要包括以下内容：

①面向软件集成的通用技术组件，如统一的访问控制、统一的流程管理、集成服务总线等；

②面向数据应用的支撑组件，如数据可视化、数据建模分析等；

③面向机器学习的算法模型；

④面向大气、水等特定环境业务的机理模型；

⑤面向地理信息的 GIS 服务组件；

4. 业务应用层

为生态环境大数据管理支撑平台相关应用、数据产品提供业务应用支撑，包括展示框架、访问协议、日志收集等。

三、功能架构

生态环境大数据管理支撑平台功能架构图如图 8.3：

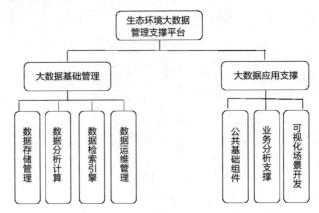

图 8.3　生态环境大数据管理支撑平台功能架构图

大数据基础管理：提供数据的存储管理、分析计算、检索引擎、运维管理四个方面来说明大数据基础管理的能力，为数据资源中心建设、大数据应用支撑提供有力保障。

大数据应用支撑：通过搭建公共基础组件、业务分析支撑及可视化场景开发，为集约化开发、大数据分析应用提供有力保障。

第三节　生态环境大数据管理支撑平台的主要功能

本章节着重说明平台主要包括的两大功能。一是大数据基础管理，是数据运行、计算、应用支撑的基础保障平台；二是大数据应用支撑，面向应用层提供公共组件、数据分析加工、可视化保障。

一、大数据基础管理

从数据存储、分析计算、检索引擎、运维管理四个方面说明大数据基础管理的能力，生态环境大数据存储与计算为整个生态环境大数据管理支撑平台提供基础能力平台，主要包括大数据存储能力、数分析计算能力、全文检索以及平台运维管理能力，为数据资源中心建设、大数据应用支撑提供有力保障。

（一）数据存储管理

业务部门在日常业务管理中，会产生不同类型数据，有文档、有存在于信息化系统中的数据，有从数采仪上直接接入的数据，还有日志、舆情数据，为了高效合理利用这些数据，需要选择满足其应用需求的存储方式，大数据存储管理能够提供多种存储类别的管理，即：构建结构化数据、非结构数据、半结构化数据、时序数据存储管理，从而满足业务部门多类型数据的存储需求。

（二）数据分析计算

数据分析计算是整个大数据分析应用的底层支撑，既是大数据分析的计算、查询环境，也是大数据分析任务的运行环境，支撑大数据开发环境的有效运转。根据数据形态与执行方式的不同支撑，包括数据分析引擎、类 SQL 查询引擎两种底层的支撑环境。

1. 数据分析引擎

基于大数据基础平台提供的资源管理、调度能力，数据分析引擎为分析人员提供任务级并行分析框架，对 TB 级的数据进行有效分析，并输出计算结果，同时提供类 SQL 查询引擎，为分析人员访问结构化数据提供了非常强大的交互分析引擎。

2. 实时流处理引擎

在空气质量监测、水质监测、污染源在线监控等环保领域，通常需要对采集到的关键指标数据进行及时的运算，根据运算结果对于超过预警线的情况给予及时的报警。弹性流数据处理引擎通过接收实时数据接口发送来的实时数据，根据预先定的数据类型规则进行实时数据处理。通过 Spark SQL 执行引擎的流处理引擎，并在 Spark SQL 引擎上使用 DataSet/DataFrame API 处理流数据的聚集、事件窗口、和流与批次的连接操作，Structured Streaming 提供快速、稳定、端到端的恰好一次保证，支持容错的处理。

（三）数据检索引擎

大数据检索引擎通过整合结构化、非结构化数据，提供全部数据、报表、文档、固定源几个分类的统一检索和分类检索。能够通过实时统计分析用户搜索内容的动态变化，实时感知需求热点的变化，为用户提供个性化的服务，具体架构如图 8.4 所示：

（四）数据运维管理

运维管理平台是大数据存储与计算平台的监控平台，提供对大数据基础环境软硬件的监控，实现对平台运行状态的全面掌控。

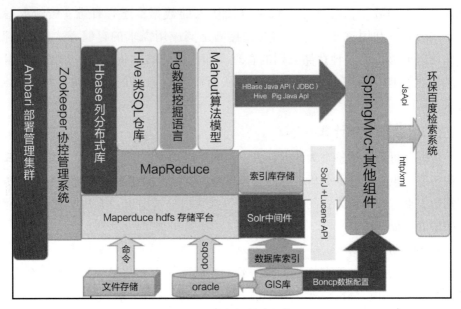

图 8.4　大数据检索架构

Ambari 是 Hortonworks 开源的 Hadoop 平台的管理软件，具备 Hadoop 组件的安装、管理、运维基本功能，提供 Web UI 进行可视化的集群管理，简化了运维、使用难度。

Ambari 提供机器级别的操作（Host Level Action）和模块级别的操作（Component Level Action），并提供以数字仪表板（Dashboard）形式组织的监控功能。

二、大数据应用支撑

阐述大数据应用支撑提供能力，包括功能基础组件的支撑能力、业务规则、AI 模型、标签等业务分析支撑能力以及可视化场景的开发能力。

（一）公共基础组件

微服务应用开发提供基础中间件的功能服务，为各业务系统提供基础、公用的支撑组件，无需在各业务系统中单独做，只需依托平台提供的服务即可完成特定的功能。

主要建设包括微服务中心、日志管理、用户管理、GIS 管理应用支撑内容，实现不同类型环保项目的流程和表单的自定义。具体包括：

1. 微服务中心

微服务框架提供高性能高可靠的微服务开发和服务注册、服务治理、配置管理等全场景能力，帮助实现微服务应用的快速开发和高可用运维。微服务框架提供服务开发、在线测试、性能优化、安全加固、调用链跟踪等功能，核心组件包括配置中心、注册中心、熔断器、分布式链路跟踪、服务网关等。通过微服务框架，各应用可快速灵活地构建自己的微服务，同时可将该微服务通过服务网关等组件进行快速共享发布，实现不同应用间的数据访问、业务协同。

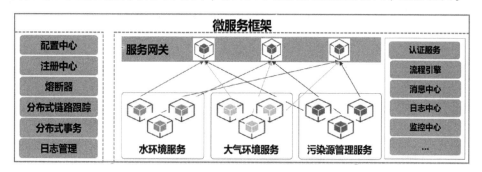

图 8.5　微服务框架图

2. 日志管理

日志管理对日志进行集中管理和准实时搜索、分析，实现全站日志的统一收集、管理、展示、分析，包括用户登入登出日志，应用功能浏览日志，用户操作审计日志，应用异常日志等，满足对日志的全面集中管控需求。

日志管理总体架构设计如图 8.6：

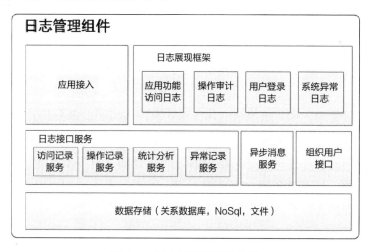

图 8.6　日志管理总体架构图

3. 用户管理

用户管理提供用户及其权限的全生命周期的管理服务，包括组织用户管理、统一资源管理、统一授权管理；根据统一的数据规范，建立灵活的用户认证和数据接口，为各个应用系统以及门户系统提供认证和数据同步服务；在安全方面，提供安全策略管理（如登录次数限制，密码复杂度等），安全日志记录和审计。

用户管理总体架构设计如图8.7：

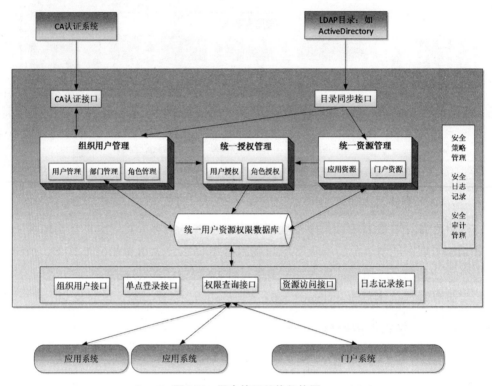

图8.7　用户管理总体架构图

支持分级管理，如每级组织可各自独立维护本组织的部门信息、用户信息、用户权限。

分级管理的核心逻辑，是某组织的管理员登陆，只显示本组织的部门、用户、角色数据，从而做到独立管理本组织。可选显示子组织，以提供父组织干预子组织管理的入口。

4. GIS 支撑管理

通过建立有效的地理信息共享机制，提供服务级共享，实现平台间不同尺度、不同范围环境地理信息的互相调用，从而减少平台间数据库内容的重叠度，打破信息孤岛。极大地提高地理信息的利用率，促进包括地理信息在内的各类环保资源信息的分建共享。

总体架构设计：

环境地理信息平台为空间信息平台建设提供支撑，纵向划分为基础设施层、数据资源层、平台服务层、应用功能层四层架构。体系架构图如图8.8所示：

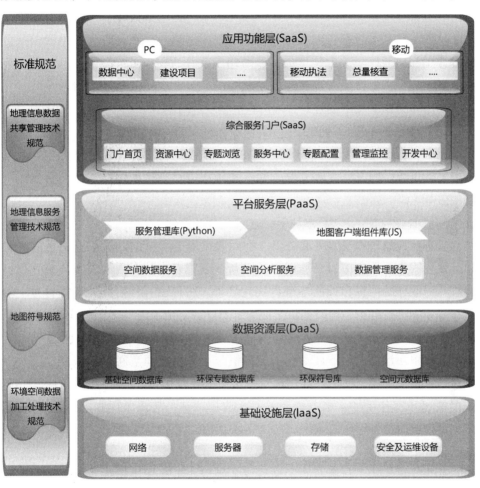

图8.8　环境地理信息平台体系架构

（1）概览。

可便捷查看平台特性、资源概况、热点服务访问量、服务近七天访问量、服务最近更新几个模块。服务访问量统计以柱状图的形式展示访问量最多的几个服务，用户访问量统计以饼状图的形式展示用户的访问量，服务资源最近更新展示最近几天更新的服务。

（2）资源中心。

资源中心模块是结合了环境空间数据、服务资源信息浏览与应用、服务可视化为一体的综合应用模块。依据《环境基础空间数据加工处理技术规范》的分类方法将服务资源按门类、大类、中类进行分类编码，从而实现了服务资源的规范化、便捷化管理。

（3）服务中心。

该模块具备了服务管理、目录维护、服务审核、权限审核等一整套的服务管理方案，功能权限分为管理员和普通用户，普通用户可提交发布、注册、删除服务的请求，由管理员审核是否通过。在"资源中心"中，当普通用户提交数据使用申请或下载申请时，管理员在该模块进行审核。

（4）专题图配置。

平台提供专题图配置模块，能够集成各系统的专题图，包括水环境、大气环境、污染源、固废危废等专题，并在系统内进行浏览展示，共享给其他用户使用。

（5）管理监控。

管理监控模块可对 GIS 服务器、空间数据库进行全面的管理。统计服务的访问量、服务平均响应时间、用户访问量，以图表将其直观的展示出来，以便管理员对服务的内容和性能等进行优化处理。用户还可将需要的环保符号上传到符号库中进行维护，同时提供全面的日志管理，记录用户对平台的各项操作。

（6）开发中心。

开发中心模块能为平台专业用户提供基于平台地理空间信息服务的二次开发接口及帮助文档，使用户能够创建基于浏览器的 Web GIS 应用。利用这些 API 可以快速开发基于平台服务资源的 GIS 应用网站，与环保行业应用系统集成，搭建环保部门的专题应用系统。

5. 工作流管理

工作流组件是一套统一的工作流服务平台，实现全局新建业务系统的统一的工作流设计、运行、监控的环境。工作流管理系统包括图形化定义流程和监控功能及前端的任务管理功能。

工作流组件总体架构设计如下：

（1）工作流引擎。

工作流引擎是为工作流管理系统在定义提供支持、在运行时提供解释和执行服务的一组数据模型和软件。

通过工作流引擎使具体应用系统中的工作流从一个个体"流"向另外一个个体，实现工作流的自动化。它完全是一个后台驱动，对于用户来说是不可见的。

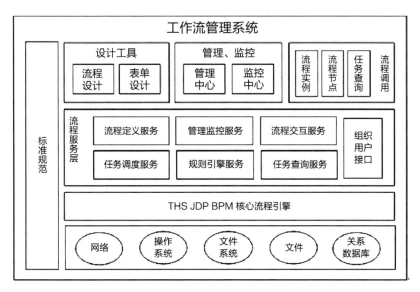

图 8.9　工作流组件总体架构

（2）客户端应用。

客户端应用主要是完成人机交互和应用的执行。在系统设计过程中，根据用户职责的不同将其分为过程创建者、系统管理员、一般用户三种。过程创建者主要负责流程的定义建模，一般为业务人员和技术人员的结合；系统管理员负责监控整个系统的运行，包括对系统配置的维护和对系统中执行的过程监视和人为干涉；一般用户是人工活动的执行者，系统为其分配任务、给予指示，配合完成流程的执行。

6. 表单管理

电子表单是相对纸面表单而言的，是用来采集和显示电子信息的载体。主要应用于业务处理（无纸化办公）、大量数据采集（快速定制）、规范管理表单和数据的业务场景。包括表单模型管理、表单组件管理、表单分析设计、表单展现效果。

表单工具总体架构设计如下：

（1）可视化电子表单设计工具。

表单设计工具主要是以可视化界面，面向用户提供灵活定制界面。提供可视化的画板，支持多页，支持动态行，支持 HTML 的基本编辑功能，包括文本的查找、字体颜色的设置、位置的设置、表格的插入、复制粘贴、撤销等。

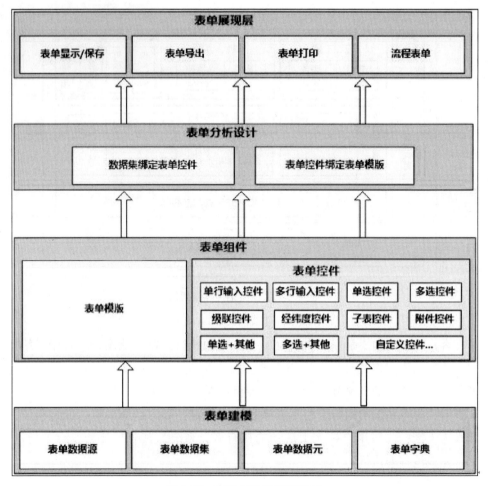

图 8.10　表单工具总体架构图

（2）业务表单管理。

业务表单是一切信息的载体，所有的信息都是通过表单来展现和收集的。业务表单管理主要包括表单的设计、部署、解析、应用几个部分。表单设计主要是根据预定义的各种元素，包括基本元素和高级元素以及标准的 HTML 元素，通过用户定制的界面样式，将各元素分别放到用户预想位置，生成基本的页面。同时，根据各元素的基本属性和规则，将部分逻辑代码添加到页面中去，最终生成 XML 格式的表单源文件，同时包含着 HTML 的源文件。

定制完成后的表单文件通过部署就可以发布到系统中去正式使用，部署时，通过系统预定义的存储逻辑、展现逻辑和应用逻辑生成运行态的页面。在部署时，通过权限管理和应用管理可以将部署的表单分别部署到多个单位和部门。

在运行态，用户通过专网工作平台进行访问页面时，页面会在表单解析引擎、存储逻辑、处理逻辑和相应的操作权限下，实现业务数据的存取和信息的流转。

7. 移动支撑管理

建设一个移动 APP 综合支撑平台。它提供了整体的、开放标准的、具有前瞻性的移动应用技术方案，简化开发复杂度，降低开发成本。包括移动支撑的功能由移动应用开发平台以及移动应用管理平台构成。

移动支撑平台总体架构设计如图 8.11：

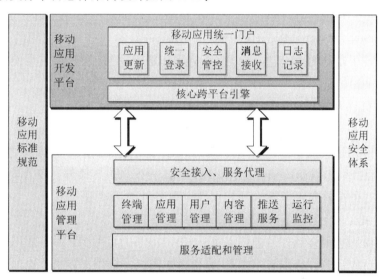

图 8.11　移动支撑平台总体架构图

（1）移动应用统一门户。

所有的移动终端应用以应用商店的形式统一集成在移动终端门户系统中，用户可以在后台管理各类企业移动应用并分发给不同用户的手机上，同时移动门户还具有单点登录、栏目定制、安全控制等功能。

（2）核心跨平台引擎。

完成平台差异性封装、插件管理、HTML 界面管理等功能，通过丰富的界面间切换动画能力提高用户体验。同时引擎内嵌用户统计、应用功能管理等服务，配合移动管理平台，无需开发即可实现详尽的用户行为统计和分析。

借助跨平台引擎技术，HTML 开发人员成为了移动应用开发的主要群体，负责业务应用的具体逻辑、用户交互的实现。当应用不需要定制原生插件时，HTML 开发人员即可完成整个应用全部功能的实现。

插件开发人员负责为项目完成定制插件的封装，插件不再与业务逻辑挂钩，只负责完成特定的功能，例如二维码扫描、拍照录像等，HTML 开发人员通过 JavaScript 调用插件实现具体的业务功能。少量原生开发人员即可支持多个项目的实施，降低人力投入成本。同时，由于插件的业务无关特性，使同一插件可以在不同项目中复用，提高了资源利用效率。

（3）UI 组件及模板。

移动应用开发平台内置了一些通用的移动客户端 UI 框架组件，分别为：Action Sheet、Backdrop、ion - content、ion - refresher、Header、Footer、Button、Lists、Card、Toggle、Checkbox、Radio Button、Range、Tabs、Slide Box、Side Menus、Scroll、Popup、Popover、Modal、Loading。对一些经常使用的人机交互场景，设定了基础的 UI 模板（分为手机端和平板端），供开发人员使用，达到快速开发的目的。

（4）插件开发。

THS MobileTM 与插件的开发与 Cordova 开发标准一致，开发人员可以自行完成原生应用插件的开发、调试、跟踪，并可以直接生成和发布插件发布包。IDE 可以直接引入发布的插件包，实现 HTML 开发人员与插件开发人员的协作开发。验证过的插件包可以导入到 SDK 中，供各种项目调用。

（5）SDK。

移动应用有很多额外的独特需求，THS MobileTM 预置了一些常用的功能或第三方组件库资源，分别有：徽章/消息通知图标、定位、相机、电池信息、文件传输、本地通知、短信、媒体、音频、图片选择、消息推送、地图、统计图等功能，且不断集成各项目中已验证的插件包，开放给第三方机构调用。

（6）IDE。

IDE 采用国际通用的 HTML 语言作为跨平台支撑语言，支持跨平台应用以及本地打包支持和本地模拟调试等功能。

（7）页面抓取。

对老应用系统的页面抓取开发技术，通过网页适配的模式，实现对老应用系统业务逻辑不改变的情况下，快速的移动化。服务端获取到客户端的请求后，根据路由控制器找到处理该指令的程序，程序将模拟原 Web 系统的操作并抓取响应结果数据，将其转换化为客户端识别的语言（JSON、XML、文档等数据格式）返回给客户端。

（二）业务分析支撑

大数据分析场景的实现程度，应用效果如何取决于需求的明确、算法的选择、算法实现平台的支撑能力以及场景可视化能力。优秀的开发环境能够涉及大数据智能创新方方面面的需求，并能提供稳定、高性能的开发、执行环境，从而保证分析展示成果的快速输出。

敏捷大数据开发提供大数据分析、大数据可视化展现的开发工具，业务系统或数据实施单位都可利用该开发环境实现监管对象特征刻画、数据分析成果输出以及业务展现可视化呈现。

基于业务分析应用实际需求，利用规则分析支撑服务、AI 分析模型服务、标签智造工厂、可视化支撑服务实现算法执行，满足大数据应用场景需求。

1. AI 分析模型管理

AI 分析模型开发可提供智能化的模型分析开发环境、强大的算力，可将业务分析场景算法化、服务化，能够通过直观、简洁、生动的展示效果，实现水、气、土壤、辐射等业务主题的环境问题分析、预测、污染防治规划科学化决策等支撑，让决策者和管理人员迅速发现问题，找到问题成因，进而制定有效解决措施。

同时基于内置统计分析、机器学习算法库，提供分析项目创建、配置、发布与执行环境，满足用户对分析数据的获取需求、可视化分析结果查询展示的需求。主要包括模型定义开发、模型调度、模型服务、模型作业、通用算法模型管理。

（1）模型定义开发。

面向模型开发人员提供 AI 模型的全面定义，以清晰简便的流程导向引导用户快速完成模型基本信息定义与开发配置。通过模型定义，为模型开发者提供从模型基本信息、模型开发环境两方面服务，从而实现模型基本信息定义及开发。

（2）模型调度。

针对不同的数据类型与应用场景，模型任务执行的时间可能不同，模型调度面向用户提供灵活执行时间的配置服务，满足用户对于数据产生频率的设定需求。

（3）模型服务。

模型服务是针对开发成果进行展示结果形式、数据内容的编辑以及服务使用情况的统计。模型服务的构建，一方面支撑模型开发人员实现展现结果的配置，另一方面为模型使用者提供结果查询、服务使用情况的支撑。

（4）模型作业。

平台提供模型作业监控服务，用户可全面了解各项任务作业的执行情况，既可了解规则作业的历史执行情况，也可实时获取当前时间点任务执行动态。主要包括任务是否正常执行、运行时长等。

（5）通用算法模型。

不断丰富积淀环境通用算法库，提供三个方面的支撑：一是支撑完成通用的数据分析需求；二是为业务模型算法提供基础算法的支撑；三是不断积淀算法，形成算法知识库。平台提供各类统计分析、机器学习算法的介绍，以便用户可以随时进行基础算法的了解及应用的场景。算法库将算法按类别进行分类，方便用户根据分析需求尽快找到相关算法。同时，提供对每类算法的详细描述，为用户提供深入的算法详情介绍。

2. 业务规则管理

传统业务规则的开发中，商业决策逻辑或业务规则往往是硬编码嵌入在系统各处代码中的，然而外部市场业务规则是随时变化的，导致开发人员必须时刻准备修改、更新系统，效率较低。规则引擎将业务规则和开发者的技术决策分离，实现了动态管理和修改业务规则而又不影响系统需求。规则分析以规则引擎为基础，面向数据分析人员以及实际使用者提供规则的详细定义及规则作业的监控服务，极大满足了用户的业务分析场景实例化的落地需求。

规则分析提供规则定义环境、任务执行监控，贯穿规则的定义、开发、结果配置与服务监控，为规则开发实施者提供了方便快捷的操作环境。主要包括规则定义开发、规则调度、规则服务、规则作业管理。

（1）规则定义开发。

通过自定义规则内容实现规则的建立及规则服务的输出。主要从规则基本信息、规则开发二个方面进行定义。基本信息是对业务规则的基本概况的描述，明确定义了规则名称、应用的场景、数据来源、所属主题等，同时就规则内容进行标签化描述，让用户一目了然掌握规则特征。规则开发为用户提供了简单便捷的开发平台，提供规则与任务的关联选择。平台提供流程化规则任务配置环境，用户可按流程提示快速完成规则语句、规则任务的生成。

（2）规则调度。

规则调度面向用户提供灵活执行时间的配置服务，满足用户对于数据产生频率的设定需求。不同的数据类型与应用场景，规则任务执行的时间就会不同，需要用户根据实际需求配置。

（3）规则服务。

规则服务是针对开发成果进行展示结果形式、数据内容的编辑以及服务使用情况的统计。规则服务的构建，一方面支撑规则分析人员实现展现结果的配置，另一方面为规则用户提供结果查询、服务使用情况的支撑。

（4）规则作业。

提供规则作业监控服务，用户可全面了解各项任务作业的执行情况，既可了解规则作业的历史执行情况，也可实时获取当前时间点任务执行动态。主要包括任务是否正常执行、数据条数统计等。

3. 标签智造工厂

实现固定源的灵活分检和特征预警的精准画像，需要建立能够灵活、动态生产标签的标签管理应用。基于标签的特征和全生命周期过程，建立适合生态环境大数据的标签管理中心，和现有生态环境资源中心进行无缝整合，提供针对固定源管理的快速标签定义、生成和管理的系统。

标签工厂是固定源统一管理和应用的基础，实现固定源标签定义及管理，包括概览、标签实体定义、标签定义、标签主题定义、标签作业监控、标签评估等功能。

利用标签工厂的生产能力，建设固定源基础标签库，包括基础属性标签和监管属性标签，明确固定源标签分类体系，完成固定源标签的定义、生成规则等管理过程，为固定源精准画像应用提供数据服务。

（1）标签概览。

基于标签智造工厂设置生成的标签成果，从总体、实体分类两个层面进行标签数量、运行情况、使用情况的统计，满足用户对标签整体情况把控的需求。

（2）标签实体管理。

标签实体管理是标签生成的第一步，是标签定义的环境实体，即：环境监管对象。监管对象包括点源、面源、移动源等，标签实体管理提供无上限的标签实体定义，并提供灵活的对象设置功能。包括对监管实体信息名称、来源的数据表、起停状态以及要抽取展现的实体字段等进行维护，为标签的生成建立主体依托。

（3）标签定义管理。

标签定义管理是基于某一实体，实现标签分类体系以及标签内容的全面定义。包括标签基本信息、生成规则、值域的配置以及作业调度、维护状态的设置。

（4）标签评估。

标签评估是对标签的生成质量进行标签打上企业数量、标签值域不符企业统计的评估，从而掌握标签生成成效以及存在的问题，为标签质量提升提供改进依据。

（5）标签主题管理。

标签主题管理支撑业务场景的分析主题定义，满足用户灵活配置、场景化、标签化的企业群体查询需求。即：根据用户分析场景的描述进行标签定义，并在标签基础上建立相关主题并发布于前端应用。包括主题定义、主题标签维护功能。

（6）标签作业监控。

标签作业监控实现对标签任务运行状况的监控，辅助数据实施人员或是运维人员及时发现任务执行异常情况，保证标签结果顺利生成。

（7）标签访问日志。

标签访问日志记录了用户访问标签的情况，是对用户行为的痕迹追踪，目前标签访问日志只记录标签即席分析和接口调用的日志。

（二）可视化场景开发

敏捷大数据开发提供大数据分析、大数据可视化展现的开发工具，业务系统或数据实施单位都可利用该开发环境实现监管对象特征刻画、数据分析成果输出以及业务展现可视化呈现。阐述平台大屏、报表可视化开发功能。

1. 大屏可视化

传统大屏开发存在较多的问题，对于数据可视化的设计无从下手，团队内的设计师对于复杂数据的展现经验不足；对于数据可视化的实现比较困难，设计出来的很多图表与特效开发耗时耗力；对于非传统报表数据类型（如时空数据、关系数据）的分析展现，缺乏相关的组件或工具支持；对于在大屏幕上的展示，总会遇到分辨率适配的种种问题，鉴于以上不足，构建大屏可视化平台，让非专业的工程师通过所见即所得的图形化界面，轻松搭建高水准的可视化应用。具有以下特点：

①丰富的环境相关场景模板，便于快速搭建属于自己的大屏。内置水环境、大气环境、固定源、数据资源等模板。

②多种图表组件，细粒度的属性设置。内置柱图、饼图、线图、面积图、散点图、2D 地图、3D 地图等，并能根据需要进行快速扩展。

③丰富的动态组件，保证屏幕的动态效果。内置动态表格、跑马灯、词云、数字翻牌器、轮播图、视频播放组件等。

④简易的组件级联设置，能使多个组件间实现通信互动。

⑤能适应不同分辨率的需求，使一个大屏在多种分辨率屏幕中展示。

2. 报表可视化

提供在线数据报表设计、发布、管理的完整服务，包括全新、高效的 Web 报表设计器，简单易用的拖拽式用户数据分析模式，丰富的报表展现输出形式，灵活的查询交互配置工具等。同时，提供灵活的应用与集成方式，用户可以根据需要灵活地选择不同产品版本来使用所需的模块与组件，可通过接口实现单点登录集成，并且基于权限集成接口为用户实现与已有业务系统的用户与权限数据同步。

第四节　生态环境大数据管理支撑平台的建设实例

以福建省生态环境大数据平台项目建设为实例，详细介绍项目的建设背景、建设目标、建设内容、主要应用场景等。

一、建设背景

党和政府高度重视生态环境保护，相继发布《关于加快推进生态文明建设的意见》和生态文明体制改革"1+6"方案。习近平总书记对生态文明建设有一系列新思想、新论断，要求福建一定要做好生态环境保护工作。福建省是全国首个生态文明先行示范区，近年来，福建省生态建设和环境保护工作取得了明显成效，是全国少数水、大气、生态保持较好的的省份之一，生态环境优良成为福建的一张亮丽名片。但与此同时，也必须看到福建省生态环境保护工作面临严峻形势，从发展的角度看，保护生态环境的压力越来越大；从人民群众的期待来看，对环境质量的要求越来越高。因此，必须采取更加有力的措施、有效的办法和高科技的手段加强生态环境保护工作。

二、建设目标

以大数据技术为基础，构建福建省生态环境大数据体系，实现环境监管数据、环境物联网监测数据、互联网环境舆情数据"三流汇聚"，进一步完善原有业务系统功能，补充建设新的业务系统，创新业务应用，集约基础设施建设，充分运用国土资源、住房城乡建设、交通运输、工商、税务、电力、水利、农业、卫生、林业、气象、海洋等部门的大数据，推动生态环境数据开放共享，促进社会数据和环境数据融合和资源整合，提升环保整体数据分析能力，为有效处理复杂环境问题提供新的手段。

三、建设内容

（一）"一中心"：环保数据资源中心

福建省环保厅目前正在建设的环保数据资源中心，将全面整合现有业务系统，实现信息共享。但由于环保业务系统未实现全覆盖，对环保工作支持还不够全面，因此需要在整合系统的同时对现有的数据支撑体系进行补充和完善。对于已经建设的系统，在大数据的框架下，需要进行补充和扩展，如污染源在线监控系统中增加视频监控，在移动执法系统中共享数据资源中心的"一企一档"数据等，最终建设覆盖福建省环保全业务的数据支撑体系，为大数据的应用和发展提供强有力的支撑。

（二）"两支撑"：大数据支撑环境建设

大数据支撑环境是生态环境大数据项目建设的基础，大数据支撑环境分为完善生态环境监测物联网体系和基础设施支撑。生态环境监测物联网建设通过完善福建省已建成的生态环境监测网络和前端监测数据感知系统，构建基于物联网的完整环境监测体系，打造环境监测的全感知神经脉络，形成包含大气、水、土壤、噪声、核与辐射等环境要素统一管理的生态环境动态监测体系，建成陆海统筹、天地一体、上下协同、信息共享的生态环境监测网，为生态环境大数据建设提供支撑。

基础设施支撑建设主要包含云计算平台建设、各级环保部门基础网络建设以及地市环保部门远程视频会议系统建设。云计算平台基于福建省电子政务云计算平台提供的计算资源和存储资源，完成环保云计算平台的基础软件架构建设。各级环保部门基础网络建设主要是针对目前福建省基层环保部门信息化基础设施建设水平较低的情况，面向区县环保部门，进行网络升级，提升下上行带宽，构建支持联通、移动、电信三大运营商的基础网络，并协助组建区县环保局内部局域网，提升基层环保部门基础设施建设信息化能力建设。地市环保部门远程视频会议系统建设主要通过建设视频会议系统，满足地市环保局和省环保厅之间的视频会议、数据传输、双路视频应用等需求。

（三）"两平台"：统一资源服务与大数据管理平台

1. 统一资源服务平台

统一资源服务平台可以将大数据资源中心集成的环境资源数据进行加工处理，并对加工后形成的可用于发布或共享的数据、报表、文档、视频、音频、地图、服务、知识等数据资源产品进行汇总和整合，为政府部门、公众、企业等各类用户提供一站式的综合资源服务窗口，通过类百度的检索方式，将资源快速检索并呈现。统一资源服务平台的建设是为了提高资源检索服务的便捷性、完整性，通过整合结构化、非结构化数据，实现资源统一搜索和智能服务，为用户提供环境信息资源的一站式搜索服务，提高资源的使用率。

2. 生态环境大数据管理平台

依托全省各级环保部门成熟的业务体系，利用已经建设的环保数据资源中心整合其他已建环保业务系统中的业务数据，以此为基础融合环境监测物联网数据、互联网数据，完成大数据的基础数据体系建设。采用云计算技术架构，遵循统一的标准规范体系，建立全省生态环境大数据资源中心，打通福建省环保业务相关部门、企事业单位、公众之间的数据壁垒，逐步吸纳国土资源、住房城乡建设、交通运输、工商、税务、电力、水利、农业、卫生、林业、气象、海洋等部门和单位的外部数据资源，通过对环境数据的整合集成，满足省委省政府、社会公众和各级环境管理工作对环境数据的共享需求。

（四）市级分中心建设

为了合理高效管理省、市、县三级业务数据共享，同时满足"环保机构监测监察执法垂直管理"的政策要求，结合福建省信息化现状来进行总体架构设计。地市级分中心按照省厅环保数据资源中心架构进行设计，满足地市与区县两级用户的数据应用需求。各地市原则上均应建设其物理分中心，对存在困难不能及时完成的，可在省厅平台上构建逻辑分中心，其功能将参考省厅的通用功能，但不支持对地市环保部门个性化需求进行拓展开发。

四、主要应用场景

（一）监管大数据应用

1. 大气环境分析

基于云计算架构的云监测体系优化，依托福建省物联网建设的环境监测站点，准确、及时、全面地反映环境空气质量现状及发展趋势，为环境管理、污染源控制、环境规划等提供科学依据，并结合天气状况、城市交通、人口密度、工业产值等元素，进行系统的研究，为保护环境、改善环境空气质量提供技术支撑。

2. 水环境分析

实时了解全省主要河流水域、近岸海域等水环境质量状况、历史情况、变化趋势等信息，并能对突发事故及时进行预警，同时给出相应的解决方案，对提供处理环境污染突发事件能力具有重要意义。基于成熟的水质数学模型，依据水质水量资料确定模型参数，研建不同水体类型的水质综合评价模型；按照评价目标选择相应的水质参数、水质标准和计算方法，其中评价水体中不同功能的水域区段采用不同类别的水质标准值，然后对水的利用价值及水的处理要求做出评定。

3. 土壤环境分析

结合土壤环境特点和现有环保、国土、农业和林业等有关部门土壤环境监测和调查成果，围绕土壤环境管理，实现基于大数据的土壤监测数据分析。

（二）决策大数据应用

1. 环境容量分析

以福建省环境科学研究院建立的数学模型为参考，深入调研福建省大气、重点水域流域、近岸海域等环境现状，按照环境要素分类建立科学完整的环境容量分析模型，对福建省大气、水、噪声等要素的环境容量进行分析，为区域项目环评和环境基础设施建设提供参考数据，为地区产业结构调整和优化布局提供环境支持，并为流域上下游、海湾间实施污染物排放总量控制、排污许可证制度和排污权交易等现代环境管理制度提供重要的科学依据。

2. 污染防治

提供对大气污染、水污染、土壤污染、辐射污染、生态保护以及其他各类污染物的综合防治，实时监控污染物的污染防治情况。针对源头控制、循环利用、安全处置、风险防控等方面的防治措施，分析污染防治成效；对结构减排、清洁生产审计等源头控制措施实行全面管理，加强源头控制，实现污染物的减量化。

3. 污染物排放分析

通过大数据分析对全省内各污染物的数量、污染物类型、区域、海湾、流域、重点行业、排污大户、变化趋势、关联分析等进行深入分析，形成污染物排放清单，结合 GIS 地图进行直观展示。

（三）公共服务大数据应用

建设统一的全省企业数据服务平台，覆盖全省企业所有环保行政审批事项及非行政审批事项，实现网上受理、在线办理、全程公开、统计分析、效能监督，提高环保审批服务质量和办事效率，促进环保行政审批优质、高效、规范、透明。按照信息公开要求，建立涵盖全省的公共环境信息发布与服务平台，实现环境信息发布与共享服务。

第九章
生态环境监测大数据技术

生态环境是关系民生的重大社会问题。如何处理好经济发展与环境保护的关系，实现生态环境高水平保护与经济社会高质量发展的协同，是不少城市当前面临的重难点问题。近年来，随着信息技术的快速发展，大数据、云计算、移动互联网对人们生产生活的影响越来越大。党中央、国务院和生态环境部高度重视大数据在打赢污染防治攻坚战的支撑作用，对生态环境大数据的发展和运用是关键节点。

第一节　我国生态环境监测基本情况

为提升生态环境信息资源利用水平，全力打赢污染防治攻坚战，城市大数据建设已成为新一轮地方新基建的重点。但目前信息化建设存在"信息孤岛"和"信息烟囱"的弊端，已严重制约了地方生态环境治理体系和治理能力现代化的提升。生态环境大数据建设已迫在眉睫。我们必须不断创新环境监测技术，并将其作为我国生态环境的基本保障。

一、生态环境监测技术概况

从信息化角度来看，环境监测呈现出系统的工作模式：信息数据采集-信息数据分析-呈现环境监测的信息数据，这其中的每一个环节都发挥着自身的作用，相互独立且相互衔接，想要提高环境监测技术，就必须要将这三个环节全部做好。目前，我国的环境保护工作正在向代价小、效益高、排放低、可持续的中国特色环境保护新方向发展。在环境监测技术中，对信息化技术的应用包括综合指数法、模糊综合评判法、灰色聚类法等等，并且在不断地实践总结过程中，尝试突破按照空气、地表水、噪声等多方面进行单独要素评价的模式，开创了具备多元化的环境要素。

从宏观层面来看，目前的环境监测技术所呈现出的环境信息涵盖着一部分人文因素。在进行环境监测时，会在一部分环境信息中融入社会以及地方经济发展等因素。但是，其总体信息仍然较为单一，很难在环境信息中呈现出多元化信息数据，无法将环境保护工作与实际的社会发展联系起来。从微观层面来看，目前的环境监测技术对信息化的应用始终存在一定程度的缺陷，这些缺陷主要来源于环境信息的复杂性。在呈现环境信息时，目前的环境监测技术仅能提供较为直观的环境质量评价，难以在其中融入可持续发展理念。环境监测技术的数据库管理仍然采用较为落后的管理模式，很难跟上社会发展的步伐，社会发展、气象等信息很难被有效地反映到数据库中。

二、我国生态环境监测现状

我国地表水、空气和土壤环境监测点位的设置能全面、真实、客观地反映所在区域的环境质量和污染物的时空分布状况及特征（如表1和表2所示）。能够满足当前环境管理的需求，反映环境质量的长期变化趋势。环境监测是我国开展环境管理工作的基础，为污染源控制、污染物管理、环境标准制定和环境预测预报提供依据。

当前我国采用的环境监测方法按测定原理可大致分为化学法、物理法和生物法三种。化学及物理法直接测定污染物，生物法则依据指示生物对污染物某些敏感性反应，定量或定性判断环境污染状况。具体可分为：①简易监测方法，如检气管法、比色法、检测器法；②自动监测方法，如大气污染连续监测系统、水体污染连续监测系统；③遥感监测方法，如相关光谱法、红外遥感法；④生物监测方法，如指示生物法、生物测试法等。计算机控制的自动连续监测技术方法，具有数据处理、储存、显示、绘图、报警等多种功能。

环境监测数据、信息是通过信息系统传递的。按照我国环境监测系统组成形式、功能和分工，国家环境监测信息网分为三级运行和管理。一级网为各类环境质量监测网基层站、城市污染源监测网基层站（城市网络组长单位）。它们将获得的各类监测数据、信息输入原始数据库，按照上级规定的内容和格式将数据、信息传送至专业信息分中心（设在省或自治区、直辖市环境监测中心站）。污染源监测数据、信息由城市网络中心（设在市级监测站）传递给专业信息分中心。基层站的硬件以微型计算机平台为主。二级同为专业信息分中心，负责本网络基层站上报监测数据和信息的收集、存储和处理，编制监测报告，建立二级数据库，并将汇总的监测数据、信息按统一要求传送至国家环境监测信息中心。专业信息分中心的硬件以小型计算机工作站为主。三级网为国家环境监测信息中心（设在中国环境监测总站），负责收集、存储和管理二级网上报的监测数据、信息和报告，建立三级数据库，并编制各类国家环境监测报告。

表9.1 国家地表水环境监测网点位分布情况

流域（区域）名称		原有国控断面数	调整后国控断面数	监测河流（湖库）数	流域面积（万 km²）	干流河长（km）	断面增减情况
长江		105	160	82	180.8	7379	55
黄河		44	61	19	79.5	5464	17
珠江		33	54	32	57.9	2197	21
松花江		42	88	35	92.2	2309	46
淮河		86	95	63	32.9	1000	9
海河		70	64	43	31.8	1090	−6
辽河		38	55	19	31.2	1430	17
太湖	湖体	21	20	1	—	—	−1
	河流	89	34	31	—	—	−55
巢湖	湖体	12	8	1	—	—	−4
	河流	12	11	9	—	—	−1
滇池	湖体	11	10	1	—	—	−1
	河流	8	16	16	—	—	8
内陆河流		28	52	25	345	—	24
西南诸河		17	31	17	85	—	14
浙闽片		32	45	32	23.7	—	13
大型湖库		111	168	59	—	—	57
总计		759	972	423/62	960	—	213

表9.2 各省（区、市）环境空气质量监测点位变化情况

省（区、市）名称	纳入国家网城市（地区）个数	调整前国控点位数	调整后国控点位数
北京市	1	15	2
天津市	1	13	15
河北省	11	29	5
山西省	11	32	58
内蒙古自治区	12	12	44
辽宁省	14	44	77
吉林省	9	13	33

省（区、市）名称	纳入国家网城市（地区）个数	调整前国控点位数	调整后国控点位数
黑龙江省	13	19	57
上海市	1	10	10
江苏省	13	51	72
浙江省	11	24	17
安徽省	16	14	68
福建省	9	12	37
江西省	11	17	60
山东省	17	47	74
河南省	17	37	75
湖北省	13	17	51
湖南省	14	35	78
广东省	21	41	102
广西自治区	14	21	50
海南省	2	5	7
重庆市	1	20	17
四川省	21	41	94
贵州省	9	15	33
云南省	16	11	40
西藏自治区	7	4	18
陕西省	10	30	50
甘肃省	14	8	33
青海省	8	4	11
宁夏自治区	5	8	19
新疆维吾尔自治区	16	12	41
总计	338	661	1436

第二节　生态环境监测大数据建设背景及意义

随着社会快速发展，城市化进程加快，公共环境变得越来越脆弱，生态系统在不断退化，环境污染也较为严重，环境问题逐渐上升为关系民生的重要话题，特别是对我们的活动范围影响较多的城市公共环境，进行适当有效的治理更为重要，政府部门对数据的应用反映出政府的决策水平。对环境进行合理保护，监测和合理利用现有的环境资源，保护开发中的城乡生态环境，是政府在环境公共治理中的重要职能，也是多元治理主体在新形势下得以参与社会管理的一种路径。

国家在"十三五"规划《建议》提到"推进多污染物的综合防治和环境治理，实行联防联控和流域共治，深入实施大气、水、土壤污染防治行动计划"。"十三五"显然已把提升对生态环境的治理力度、改善生态环境和人文居住环境作为全面建成小康社会的阶段性任务。管理的变化，大数据以实时高效的处理技术，能有效推动环境公共治理方式的转变，提升环境公共服务的整体治理能力。在未来，人们的推理能力以及能够从海量的数据中学习和分析的能力将成为人和社会发展的关键技能。大数据在环境公共治理中的价值何在，环境大数据建设将如何推动整个环境公共服务的持续健康发展，在未来的环境监测与治理中大数据要如何才能发挥更大技术优势来助力我国环境公共服务的长远发展，等等。本文将尝试对这些疑惑进行分析和研究，以期对环境公共服务治理有更好的建议和参考。

一、环境公共服务是关系民生的大问题

运用大数据技术服务于环境公共治理，既是大数据时代发展的选择，也是政府在管理主动求变、迎合技术发展与新型社会的需求，更是未来建设数字化智慧城市的基础。2020 年中共中央办公厅国务院办公厅印发《关于构建现代环境治理体系的指导意见》提出：全面提高监测自动化、标准化、信息化水平。推进信息化建设，形成生态环境数据一本台账、一张网络、一个窗口。生态环境部《全国生态环境保护工作会议》2021 年重点任务提出：健全生态环境监测监管体系，推进生态环境监测大数据建设，严厉打击监测数据弄虚作假。

二、有利于制定对环境的未来状态和功能更为合理的决策方案

基于大数据的环境监测与治理，需要新的方法论和技术运用的有力支持，形成新的环境大数据体系，建构以大数据为核心的新环境治理状态。从长远来说，源自数据与分析的新知识不仅会成为未来数十年的经济增长的基础，也利于政府人员思考已有的管理思维，接受新的管理理念，在决策时做出对环境的未来状态和功能更为合理的决策方案，制定更为科学的、可能会影响未来十几年甚至几十年的环境新政策。技术决策在政府服务提供管理的过程占据重要地位，因此有必要对关于政府该如何利用数据分析来解决问题和科学决策，提升

环境公共治理水平的课题做相应的探讨学习和研究。由于大数据具有明显的技术优势，比如在过程中实时监测、定结论时精准高效的特点，在处理平时基本的公共环境监测或者遇到重大应急环境事件时能及时准确分析，有效避免低效率决策，这对政府部门而言，在环境治理方面有较强的指导意义。

三、具有重要的社会经济价值和现实意义

大数据应用于环境公共服务，对企业、政府和广大民众而言具有重要的社会经济价值和现实意义。从社会经济方面而言，一是对环境的监测预警能建设社会，优化基本公共服务；二是避免重复建设，减少经济损失，避免资源浪费；三是能避免低效甚至无效的决策，作为智慧政府管理的重要技术工具，能提升地方政府的决策能力。政府需要运用大数据思维建立环境大数据，通过对特定环境区域的实时监测进行处理和分析，对环境的变化趋势进行提前预警。在收集信息的过程中，可以筛选其中有用的信息进行针对性的分析，排除掉无用的过时的无效信息。

四、提升政府在决策上的时效性、针对性和预见性

大数据以技术和算法来分析问题的关联性，提供可靠判断的依据。政府部门在过去做了大量的信息化建设，但由于没在管理和利用数据上直接互联，导致数据的利用率并不高。那些未被利用起来的数据信息几乎等同于废弃物，没有统一的数据存储和管理平台，数据信息孤岛化、碎片化的情况越来越严重。而建立环境大数据，在大数据平台上运用技术工具和算法程序对具体监测地点开展实时监测，有针对性地对相关地理环境信息进行详细的监测及具体研究，通过定量化和可视化分析评估，能够优化环境公共治理的结构和过程，将跨部门跨区域的环境数据资源整合起来，形成整体性环境治理体系以及提倡多部门协同参与，最终形成科学的建议和意见，从而提升政府在决策上的时效性、针对性和预见性。

第三节　生态环境监测大数据应用前景

生态环境物联网是目前全国最大的一张物联网，物联网、大数据、人工智能等技术在生态环境领域将有广阔前景。随着5G逐渐商用，其所具备的高带宽、低时延和大连接的特点，将进一步促进生态环境领域各类传感器技术进步

与扩大应用范围，更好支撑云端智能化应用，从而进一步驱动'智能+'产业的发展与应用。目前，物联网技术在生态环境领域应用最广泛、最深入，主要应用于环境监控，包括污染源自动监控、环境质量在线监测和环境卫星遥感三个方面。当前，生态环境监控的精度和广度都还有很大空间，包括传感器设备的技术水平、成本、运维能力等各方面都需要不断提升。同时，基于大量自动获取数据的大数据应用目前还非常有限，但生态环境领域预测预警、精准判断都需要大数据、人工智能技术的有效支撑。

由于生态大数据种类较多、复杂性较高且具有较高的时空异质性，包含的如气象、水利、国土、农业、林业、交通等领域，现有的人类科学也无法做到认知到所有的自然生态属性，所以生态环境信息化建设要以生态环境数据采集、传输、处理、分析应用和展示为主线展开，按照统一的生态环境信息资源目录，分级分类搭建上下对应的生态环境数据库，以生态环境业务专网为依托，通过生态环境数据共享服务平台，快速实现跨地区、跨部门、跨层级的数据交换共享。

在我国当前开展的生态环境信息化体系设计方案中，生态环境信息化体系将建设一张高精度三维感知生态环境变化的生态环境物联网，一张横纵贯通全国生态环境领域的固定与移动相结合、高速、可视、智能的生态环境业务专网，一个支撑应用快速开发、数据共享交换、业务协同交互、大数据应用的统一云平台，一套覆盖全国、数据唯一可靠的生态环境数据，一个满足跨部门、跨层级、跨区域的生态环境部门业务协同"大系统"，一张动态反映生态环境现实、模拟预测趋势的"虚拟空间图"，以及依托国家政务服务平台的生态环境服务"一扇门"。总之，通过信息化体系建设，将构建起"生态环境最强大脑"，让生态环境信息化进入基于即时、全量、全网数据的"智能+生态环境"治理创新时代，为打好污染防治攻坚战提供强力支撑。

第四节　生态环境监测大数据平台设计方案

完善的生态环境大数据设计是由覆盖广泛的物联网，智能的数据挖掘能力、校验能力，突出的大数据辅助分析决策体系组成。其目的在于通过综合应用传感器、红外探测、射频识别等装置技术，实时采集污染源、生态等信息，构建全方位、多层次、全覆盖的生态环境监测网络，从而达到促进污染减排与环境风险防范、培育环保战略性新型产业等方面的目的。我国环境保护领域在十几年的发展过程中，广泛采用传感器、RFID 等互联网相关技术，具有良好的物联网技术作为基础，对实现大数据在生态环境监测提供了先决条件。

一、构建环保领域物联网体系

物联网作为一个系统，与其它网络一样，也有其内部特有的架构。其结构主要有 3 层：一是感知层，即通过 RFID 技术、传感器、二维码等物联网底层传感技术，对物体信息的实时获取，并通过传感网络。二是网络层，即通过将互联网、3G 网络、短波网等多种网络平台的融合，构建物联网网络平台，将感知层采集的信息实时准确地传递至环保信息中心，并对数据清理、整合、汇总控制工程网版权所有，处理各种机械或人工造成的异常，通过数据挖掘技术及数据融合技术实现对采集信息价值的深度提炼。三是应用层，即把感知层采集的信息，根据各功能模块需要进行智能化处理，实现污染的早期预警、治理的自动调节、环保信息的实时发布等环保物联网应用功能，并补救各种不稳定的技术结构、程序、硬件和网络的错误，以及调整数据采集传感器不稳定的工作环境。

环保物联网研发了两个核心标准，"污染物在线监控（监测）系统数据传输标准（HJ212）"和"环境污染源自动监控信息传输、交换技术规范（HJ/T-352）"，实现了环境基础数据的唯一性及其采集、传输的规范化，为把环保物联网建成国家数字环保基础设施创造了前提。环保物联网的实现需要我们研发一系列相应的关键技术和核心机制。为了支撑 212 核心标准的落地，提出了"数采仪+通讯服务器"的硬件/技术核心结构。该结构在实现在线监控设备的极简化、在线监控现场端的归一化以及监控中心与在线监控设备之间风险隔离效应的松耦合方面具有创新意义。

环保物联网还具有如全覆盖——对全区域、全领域、全方位的环境信息传感；全开放——可向所有的建设者、用户、技术、产品和服务全方位开放；全收敛——承载的数据与其他资源都要聚合到国家统一基础设施上来，也就是要聚合到"一网打尽，全国共享"的价值点上来；平台化——可确保环保物联网高效运行、建设和应用而提供的一整套支撑软件、技术和实施方法等一系列相对稳定的特征。

二、开发智能化处理功能

物联网技术应用的目的在于，通过广泛采集的数据，运用数据挖掘等智能化技术，对采集的数据进行筛选和提炼，为决策层提供安全、可靠、有效的决策依据。所以，数据的智能化处理是物联网技术应用的本质特征之一。任何领域对物联网的技术的应用，如果缺乏智能化开发，都不能充分发挥物联网的技术优势。充分发挥物联网的智能化优势，对环境监测进行智能化处理，将简单的环境监测数据提炼为有价值的统计数据，至少可以达到以下两点目的。一方面控制工程网版权所有，延长污染预警时间。另一方面控制工程网版权所有，为环保部门治理环境污染提供可靠的决策依据。

为提高生态环境数据服务的质量，结合扩展的各类监测数据实际情况分析数据治理的需求，对采集汇聚的监测数据按要素、按区域、按流域、按管控单元和时间维度进行深层主题融合，制定合理数据治理方案，是开发智能化处理功能的关键。监测全维时空展示是在生态环境监测大数据数据融合、数据价值挖掘的基础上，结合全维时空数据可视化技术，对生态环境数据资源和工作成果进行统一汇聚融合，实现生态环境监测数据的直观化表达、指标化分析、动态化跟踪和图形化展示，以"驾驶舱"理念为领导决策提供"一站式"支撑。并可在现有基础上，提供重点业务监测数据专题服务，包括监测情况、环境质量现状、污染源排放分析内容，为生态环境重点业务开展提供支撑。

三、构建多平台网络模式大数据辅助分析

缺乏安全稳定的网络传输基础，环保工作中的数据的监测、控制工作则难以实现。物联网通过广泛散布传感设备，实现对数据的广泛采集和实时传输，并及时汇总控制工程网版权所有，数据采集量、传输量和处理量较大，对网络平台的要求较高。为保证环保工作中，物联网的正常运作，需要建立以互联网为主体，多网络平台共同适用的网络平台环境。以互联网为主体，原因在于环保工作中信息采集处理的范围广，需要互联网作为主要运作平台，且面对城市、大型环保工程等基础设施较好的区域，互联网平台优势明显。多网络平台共同适用，原因在于，虽然大部分环保监控区域是孤立的，但大多数已具备一定的信息传输基础，如电信 3G 网络，充分利用已有的网络平台，为数据传输提供数据基础。

| 第十章 |
生态环境大数据应用实例

本章节部分案例摘选自《数字中国建设峰会数字生态分论坛优秀应用案例汇编》。

第一节　大数据助力打赢污染防治攻坚战

一、水污染防治攻坚战挂图作战

（一）建设背景

党的十八大以来，生态文明顶层设计和制度体系建设加快推进，法治建设逐步加强，建立并实施中央环境保护督察制度，深入实施大气、水、土壤污染防治三大行动计划。

2018 年，全国生态环境保护大会在北京召开，习近平总书记出席并在会上强调：要自觉把经济社会发展同生态文明建设统筹起来，加大力度推进生态文明建设、解决生态环境问题，坚决打好污染防治攻坚战，推动我国生态文明建设迈上新台阶。

同年，《内蒙古自治区关于全面加强生态环境保护坚决打好污染防治攻坚战的实施意见》发布，其中提出深入实施水污染防治行动计划，坚持污染减排和生态扩容两手发力，加快工业、农牧业、生活污染源和水生态系统整治，保障饮用水安全，消除城市黑臭水体，减少污染严重水体和不达标水体。

因此，有必要在水环境管理及决策支撑应用方面，建设水环境污染防治挂图作战应用，深入开展大数据决策分析应用，保障自治区全力打好碧水保卫战。

（二）建设目标

以"一湖两海"水环境污染防治工作为核心，通过地理信息技术按照业务实际动态展现污染防治工作情况。围绕着管理目标，对现状进行评价，分析问题原因，提出解决方案并提供决策支撑。挂图作战系统按照行政级别面向自治区、市、县不同用户提供作战分析指挥功能，既可以满足领导纵览全局，分析决策，又可以满足执行用户查看详情、辅助工作。

（三）建设内容

1. 作战目标图

作战目标图通过水环境质量目标可视化模块直观反映当前目标完成情况，对于未完成、未达到的目标进行差距分析，提示未完成原因，为后续精准实施污染防治攻坚作战提供指导。该部分分为目标完成情况考核和达标差距分析两部分。

2. 战情形式图

整合自治区范围内现有的流域水环境质量数据，以污染源为点、污染链为线、空间区域为面、生态环境为体，建成立体式的生态环境质量现状数据库。数据库不仅反映当前实时环境质量，也可以跨时间段进行环境质量对比，便于管理部门明确环境质量改善状况，有针对性的进行生态环境执纪监督工作。

3. 战况指挥图

根据打赢污染防治攻坚战作战目标以及当前形势，重点关注问题区域、问题流域、问题断面、问题控制单元，直接查看责任单位、责任人、污染防治工作开展情况等信息，便于从统筹层面抓取痛点、推进重点、攻克难点。

4. 跟踪督办图

坚持目标导向、问题导向、效果导向，以多部门联合协同作战及重点专项调度指挥系统为支撑，实现污染防治攻坚战的精准定责、高效监督、有力保障。

5. 评价反馈图

根据战况指挥中重点关注的问题区域、问题流域、问题断面、问题控制单元进行专项考核评估，明确执行情况，对跟踪督办的结果进行评价，展示环境质量改善的效果。

（四）主要应用

1. 作战目标图

（1）目标完成情况考核。

目标完成情况考核可帮助用户对区域（或流域）内的水质达标情况有整体的了解。用户可以在 GIS 地图上详细查看河流、行政区（或河流）的边界以及断面。同时，系统可展示全流域（或全区域）单月或累计月的优良断面和劣 V

类断面占比，并与去年同期考核情况以及年度考核情况进行对比；同时还可列举全区以及各盟市（或流域）的目标完成情况。

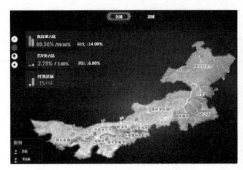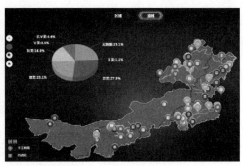

图 10.1　目标完成情况考核图

（2）达标差距分析。

根据断面监测指标的目标值与累计均值计算出达标需要控制的浓度范围，辅助管理者制定水环境管理工作计划。

2. 战情形式图

（1）现状监控。

对流域的水质监测断面、自动监测站分布及最新的水质情况进行现状展示。

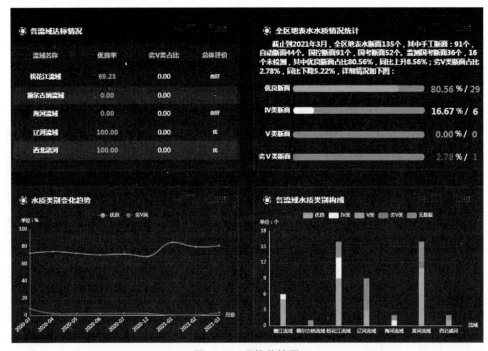

图 10.2　现状监控图

通过对断面分布展示、水质评价、断面详情、达标差距分析、变化趋势分析、对比分析、沿程分析等，实现对流域水质的全方位监控。

（2）重点流域/区域分析。

针对未完成考核目标的重点流域、重点区域，进行水质类别的深入分析，帮助管理者对重点流域、重点区域不同类别的水质情况进行全面掌握。

（3）重点关注断面。

通过聚焦重点关注断面，归纳出劣于Ⅲ类断面、未达年度目标断面、劣Ⅴ类断面、劣Ⅴ且不达标断面及水质同比下降断面，使管理者了解水质较差断面的变化趋势及达标情况，从而有针对性地制订水环境治理方案。

3. 战况指挥图

（1）解决方案推送。

对问题区域、流域、断面、控制单元进行分析，针对断面污染状况，自动向责任单位、责任人推送相应的污染防治措施，辅助管理人员决策。

（2）任务分解下发。

对污染防治工作任务分解，将各类措施下发到责任单位、责任人，并对任务执行情况进行监督跟踪，明确任务执行进度，确保任务的顺利完成。

4. 跟踪督办图

（1）水污染防治项目。

通过对水污染防治项目实现统一集成管理，按照项目的类型、进度、资金使用情况，以地图、统计图表相结合的方式展现，辅助用户对水污染防治的情况进行执行监督。

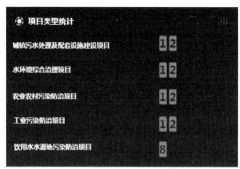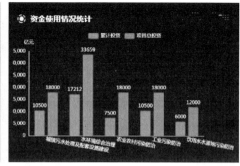

图 10.3　水污染防治项目跟踪督办图

（2）任务执行监督。

水环境治理任务包括预警类和环境执法类任务，通过定位功能在地图上定位到任务所在地，并查看任务信息，同时可以查看任务的进展情况，即任务总数、已反馈任务和未反馈任务数，也可查看任务的详细列表。

5. 评价反馈图

（1）跟踪督办结果评价展示。

对执行情况进行分析，评价跟踪督办的结果，按照已完成、未完成对督办结果进行分类，并明确未完成情况与实际要求的差距。

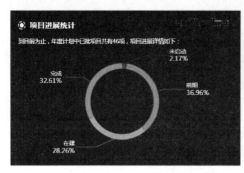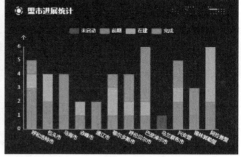

图 10.4　项目跟踪督办统计图

（2）环境质量改善结果展示。

根据督办完成情况，对问题区域、流域、断面及控制单元的达标情况进行分析，评价流域水质状况，展示评价结果，如流域达标情况、污染物浓度降低百分比等。

二、"一湖两海"流域大数据应用

（一）建设背景

"一湖两海"指的是内蒙古自治区当地的呼伦湖、乌梁素海、岱海三大淡水湖。呼伦湖位于内蒙古自治区呼伦贝尔市新巴尔虎右旗境内，是自治区第一大湖，其湖面呈不规则斜长方形，湖长 93 公里，最大宽度为 41 公里，平均宽 32 公里，湖周长 447 公里。呼伦湖的水质情况较差，长期维持在劣 V 类。乌梁素海位于内蒙古自治区巴彦淖尔市，是中国八大淡水湖之一，其当前面积 292 平方公里，汇水范围近12,000 平方公里。自 20 世纪 90 年代起，由于自然补水量不断减少，乌梁素海的自净功能弱化，加之上游一些地方排放生活污水等原因，导致湖区面积减少，水质情况较差，长期保持在 V 类，水体富营养化严重。岱海位于内蒙古自治区乌兰察布市凉城县境内，是自治区第三大内陆湖，岱海当前面积55.7 平方公里，汇水范围 2,300 平方公里。近年来，由于降雨减少，地表径流变弱，岱海湖面萎缩、盐碱化程度加剧、水质长期为劣 V 类。

2018 年，习近平总书记在参加十三届全国人大一次会议内蒙古自治区代表团审议时强调，要加快呼伦湖、乌梁素海、岱海等水生态综合治理。2019 年，习近平总书记在参加十三届全国人大二次会议内蒙古自治区代表团审议时再次强调，要抓好内蒙古呼伦湖、乌梁素海、岱海的生态综合治理，对症下药，切实抓好落实。为了践行习近平生态文明思想，加快推进中央环保督查任务整改，全力推进"一湖两海"生态环境综合治理工作，我区将"一湖两海"治理列为生态文明建设核心事项，进行核心治理。其中呼伦湖和乌梁素海均已纳入国家《水污染防治行动计划》《"十三五"生态环境保护规划》和《核心流域水污染防治规划（2016—2020）》核心湖库水污染综合治理范围。

《内蒙古自治区关于全面加强生态环境保护坚决打好污染防治攻坚战的实施意见》中提出：大力推进"一湖两海"生态环境综合治理。加快实施呼伦湖、乌梁素海、岱海生态与环境综合治理工程，进一步加大投入力度，加强规划管理，优化治理措施，建立健全监督考核机制，严格落实有关地区和部门治理责任。加大区域产业结构调整和工业点源、农业面源、生活源污染治理力度，从源头上控制入湖入海污染物排放量。到 2020 年，"一湖两海"水量保持在合理区间，综合营养指数有所降低，水质得到改善。

因此，有必要建设"一湖两海"流域大数据决策支持应用，面向"一湖两海"水环境污染防治工作要求，以呼伦湖、乌梁素海、岱海水环境改善为目标，深入开展大数据决策分析应用，保障自治区全力打好碧水保卫战。

（二）建设目标

"一湖两海"流域大数据决策支持面向"一湖两海"水环境污染防治工作要求，依托生态环境大数据管理平台框架，整合水质监测、污染排放、农牧业源、水利、气象、地理等数据，利用大数据分析方法，以呼伦湖、乌梁素海、岱海水环境改善为目标，实现对重点流域水质现状评价和分析；建立全面的水污染源排放清单，建立水质模拟模型，实现污染溯源分析，分析最合理有效的减排和治理方案，保障自治区全力打好碧水保卫战。

（三）建设内容

1. 水质监测评价体系

实现对呼伦湖、乌梁素海、岱海的实时水质监测监控和水质达标评价。根据水环境质量评价工作的实际需求，利用单因子评价、综合污染指数评价、富营养化评价、城市水环境排名等多种评价方法，选择评价指标、评价断面，形成流域地表水、饮用水、地下水水质评价专题。

2. 水质污染扩散模型

基于数据集成整合成果，建立呼伦湖和岱海二维水质污染扩散模型，与乌梁素海水质污染扩散模型共同组成流域水质污染扩散模型库，为流域污染防治提供决策支撑。

3. 流域污染排放清单体系

将对流域有影响的废水污染源统一集中管理，建立流域废水污染排放清单，说清流域废水污染物的来源组成，提供区域内污染物的整体分布情况即不同类型污染源各自向流域排放的总量，建立呼伦湖、乌梁素海、岱海流域水污染排放清单，实现三个重点流域的污染排放地图，为溯源分析和污染防治规划建立数据基础。随着环境保护管理精细化，河道排口监管职能的划入，基于排口的污染排放管理成为了流域环境监管的新要求，为此建立一套围绕排口进行污染排放的核算、统计、分析，涉及污染源-排口-环境水体的污染排放清单体系。

（四）主要应用

1. 水质监测评价体系

（1）流域数据资源集成。

实现内部数据和外部数据的资源整合，内部数据包括：流域水质自动监控数据、流域视频监控数据、流域水质手工监测数据、污染源自动监控数据、污染源手工监测数据、流域风险源信息等流域环境监管数据；外部数据包括流域水文数据、地形数据、气象数据、社会经济数据等。

（2）水环境质量评价分析。

为了解"一湖两海"水质现状，掌握流域水质类别和达标情况，以监测断面为对象，对水质监测结果进行展现，同时实现对手工监测数据和自动监测数据的评价分析，并对区域、流域的整体水质优良率、达标率进行现状及同比、环比分析，以及对水质级别构成进行趋势变化分析。

2. 水质污染扩散模型

结合水环境污染物迁移转化动力学数值模型的相关需求，对"一湖两海"的历史水文数据、气象数据、水体基础数据进行初步分析，确立合理的模型模拟边界，结合气象、土壤、产业结构、工业开发环境等条件，通过国内外相关参数的收集整理和归纳以及实地监测，给出模型相关参数的取值范围，结合常

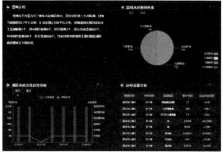

图 10.5　"一湖两海"水质监管界面

规水环境污染物和有毒有害污染物的特征，对主要水质参数进行灵敏度分析，初步建立水环境污染物迁移转化动力学数值模型。

通过模型运算，可以实现对河段的网格概化结果、容量计算过程及流场模拟结果进行界面展示，同时运用 GIS 的空间运算和分析能力，实现模型可视化，并实现不同时间尺度、空间尺度预测结果的动态演示。

3. 流域污染排放清单体系

（1）点源排放清单。

点源污染源是影响流域水质的重要污染源类型，对流域范围内的点源进行分类规整并对整个污染分布情况进行梳理，构建流域的点源排放清单，提供区域内即各污染源各自向流域排放的总量，为研究水环境污染成因、控制污染源排放、解决水环境问题提供重要依据和前提。

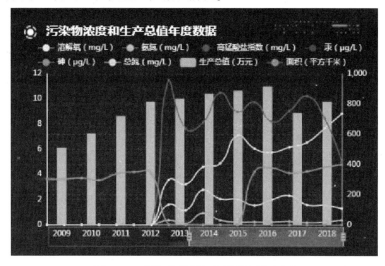

图 10.6　污染物排放与经济发展分析图

（2）面源排放清单。

相比于点源污染，面源分布范围广、污染排放占比较大，因此提取流域面源并构建流域面源排放清单是十分有必要的。利用面源提取技术获取土地利用类型和面积，采用排污系数法计算污染排放量，建立面源排放清单模块，最终构建完整的流域废水污染物排放清单。

此外按照排放去向，将污染源按照所属支流进行分类管理，并建立不同支流的污染排放清单，形成流域排放清单目录；基于污染排放清单实现污染溯源分析子系统，为污染来源的追溯提供有层次的、可分类的污染溯源分析。

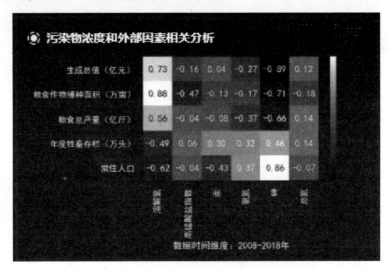

图 10.7　污染物排放浓度与外部因素相关性分析图

（3）流域排口管理。

入河污水排放量管理是解决水污染的关键，要维护河流的健康生命，必须从入河排污口抓起。入河排污口在污染源和水环境之间起桥梁作用，理清入河排污口位置、关联污染源、废水收集范围、废水类型等信息，对排污口进行分类管理，建立流域排口信息管理系统，为流域管理工作提供科学依据和决策支持。通过流域污染排放清单体系，利用地图、列表相结合的多维排放清单展现方式，查看具体污染源名称、分布、排放数据等信息。

三、大气污染防治攻坚战挂图作战

（一）建设背景

党的十八大以来，全区各级党委和政府牢记习近平总书记"努力把内蒙古建成我国北方重要生态安全屏障""在祖国北疆构筑起万里绿色长城"的殷切嘱托,深入贯彻中央生态文明建设和生态环境保护重大决策部署。

《内蒙古自治区关于全面加强生态环境保护坚决打好污染防治攻坚战的实施意见》提出坚决打赢蓝天保卫战,编制实施大气污染防治三年攻坚计划,以呼和浩特、包头、乌海及周边地区等区域为主战场,调整优化产业结构、能源结构、运输结构,强化区域联防联控联治和重污染天气应对,进一步明显降低 PM2.5 浓度,明显减少重污染天数,明显改善大气环境质量,明显增强人民的蓝天幸福感。

因此,在新的形势下,有必要深化大气环境管理及决策支撑应用的建设,以管理模式创新和技术创新为驱动,利用信息技术将作战计划和工作方案数字化、可视化,做到按图施工、挂图作战,全力保障自治区打赢蓝天保卫战。

(二) 建设目标

大气环境污染防治挂图作战以管理模式创新和技术创新为驱动,利用信息技术将作战计划和工作方案数字化、可视化,分解目标任务、重点举措和保障条件,做到按图施工、挂图作战,用数据支撑管理,用数据武装队伍,用数据科学决策,全力保障自治区坚决打赢蓝天保卫战各项战略协同推进。

(三) 建设内容

1. 全景指挥

以大气污染防治所涉及的大气环境各项监测数据为基础,对数据进行综合分析,实现大气环境态势概览;自动识别大气污染防治过程出现的环境问题,实现问题-成因-管控对象-建议的形势研判会商;从大气污染防治工作完成的任务主体进度情况等分析维度,以挂图作战的形式,对各项污染防治工作具体进度进行跟踪展示,为大气污染防治作战指挥与决策处理应对提供直观的展现界面;按照目标完成情况、任务执行情况等实现大气环境质量管理绩效指标与考核情况的实时展现。

2. 任务调度

实现年度、日常和应急任务数据的上报及审核,按照内蒙古自治区大气污染防治任务类型进行分类调度,通过流程化业务操作,提高任务效率和精细化管理水平。

(四) 主要应用

1. 全景指挥

(1) 态势概览图。

结合大气污染防治实际业务需求,梳理考核的关键指标,实现大气环境的整体态势分析。针对内蒙古自治区大气污染防治和空气质量改善方面制定的各类年度计划和方案中的具体考核指标进行统计,分析出现状与目标之间的差距,具体包括优良天数、细颗粒物(PM2.5)年均浓度及下降比例、综合指数排名的统计分析展示以及达标差距等。同时,实现对全区、各盟市、各监测站点空气质量实时状况,包括 AQI、各项污染物浓度、空气质量级别及首要污染物等指标的变化情况进行详细分析。

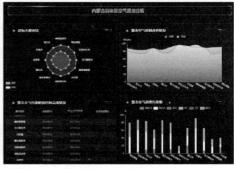

图 10.8　大气环境质量态势概览图

(2)形势研判图。

实现年度计划执行以及各类空气质量监测报警等问题的识别,基于 GIS 平台,支持环境要素、空间、时间等三个维度数据的灵活查询与聚合分析,综合展示问题发生期间污染源、气象、空气质量等内容,实现大气管理相关信息可视化展示,从而明确污染时空规律、演变特征、主要来源。

利用大数据管理平台提供的污染源、空气质量等数据,自动识别年度计划及监测报警问题,形成对应的问题清单并在地图上进行准确的定位。进一步分析过去 24 至 72 小时污染气团在 10 米高度及 500 米高度随时间的变化趋势,并结合特征雷达图等潜势贡献分析方法研究各污染源对不同站点的污染影响,进而分析监测报警问题原因。针对具体的监测报警问题,基于算法搜索特定范围内可能对站点监测浓度有较大污染贡献的固定源及管控区,并自动推荐管控对象。

(3)作战指挥图。

对各个管理部门的措施执行进度进行分责任部门、分任务类型等跟踪展示,使管理者能够快速了解当前工作开展情况,并对执行队伍进行统一管理和合理调度,实现第一时间快速响应。

(4)考核评估图。

基于工作目标,按照任务执行情况的上报、审核、总结情况以及空气质量

图 10.9　大气环境问题分析告警图

改善情况等，对各责任部门的工作进行考核评估，并对考核排名情况进行公布。

2. 任务调度

（1）任务生成管理。

根据内部不同部门在大气污染防治中的工作职能划分以及大气污染防治不同任务类型，建立对应的任务生成系统，通过业务联动和任务交办的形式，将所有任务派发给相应责任部门。

（2）任务数据上报。

用于上报盟市/旗县内的任务措施进展，在上传数据时系统根据校验规则进行数据审核，以提高数据质量。并同步上传相应的项目完成情况证明材料，完成上传后将数据提交上级用户审核。

（3）任务数据审核。

为上级用户提供任务数据审核功能，根据与客户沟通的审核规则，开发相应功能，辅助用户检验任务数据的准确性，不合格的数据可进行退回处理，进一步提高数据上报质量。

（4）任务汇总分析。

实现不同责任部门的任务统计，以简明直观的图表形式进行展示，从时间、内容等多维度展示任务数据，辅助管理人员快速掌握任务数据情况。

四、乌海及周边地区大气污染防治

(一) 建设背景

乌海市及周边地区位于内蒙古自治区的西南部，总面积 4300 平方公里。该区域位于黄河上游，处于黄河流域生态安全核心区和重要的人居保障区内。该区域属于西北干旱区和季风区，水资源短缺，土壤沙漠化严重，生态敏感脆弱。区域内分布着七大工业园区，包括内蒙古自治区的蒙西工业园区，千里山工业园区，乌达工业园区，阿拉善经济开发区，棋盘井工业园区，海南经济开发区，另外宁夏石嘴山惠农工业园区紧邻乌海市西南部。该区域的工业以煤源产业为核心，以煤炭开采、电力、焦化等产业为主，高能耗高污染工业企业较多，产业结构不合理，工业发展加剧区域环境质量恶化，区域环境污染形势严峻。

该区域以城市为主，既是黄河流域生态安全核心区，也是重要的人居环境保障区，同时也处于华北地区生态屏障内。荒漠化问题不仅造成黄河泥沙增加，也会引起生物多样性下降，敏感地区生态功能受损等问题，从而削弱华北地区生态屏障的作用。区域的干旱和荒漠化很可能导致黄河断流，直接威胁黄河流域生态安全。区域的空气质量低于全国平均水平，二氧化硫和烟尘超标严重，以乌海市最为突出。严重的空气污染危害人民群众的健康，严重影响了人居环境保障区的功能。

该区域的自然条件恶劣，不利于发展农业，第三产业发展水平较低，因此产业结构以重工业为主导，能耗高，污染高。产业结构严重不平衡导致在快速发展中也存在着结构性污染突出、生态治理难度大、水资源相对短缺、污染物排放总量削减、任务重等问题。

《内蒙古自治区关于全面加强生态环境保护坚决打好污染防治攻坚战的实施意见》中提出要坚决打赢蓝天保卫战，其中乌海及周边地区等区域为主战场之一，因此有必要建设乌海及周边大气污染防治大数据应用，以该区域大气环境质量改善为目标，深入开展大数据决策分析应用，保障自治区全力打好蓝天保卫战。

(二) 建设目标

通过大数据分析平台，掌握乌海及周边区域空气质量现状，为改善该区域大气环境质量提供数据服务。探索建立环境容量和承载力分析模型、环境调控对策模型，说清规划目标与实际承载能力间的关系，并提出与承载力特征相适应的产业发展规模、结构和布局建议。探索搭建为优化和指导规划实施及生态环境资源配置提供科学依据的系统框架。

（三）建设内容

通过对该区域各行业各企业大气污染物排放、气象条件及生产、经营状况等各要素数据的综合分析，用数据说清区域环境承载能力，为属地政府和环保部门确定优先整治和重点监管的企业名单，为地方政府经济综合部门确定鼓励、限制与淘汰企业名单。主要包括区域环境绩效分析、行业环境绩效分析、企业环境绩效分析、动态环境容量分析。

（四）主要应用

1. 区域环境绩效分析

针对乌海及周边地区，按照不同区域，分析大气污染物贡献浓度及比例、区域排污强度，综合得出优先治理区域，给出各区域的发展方式调整建议。区域划分方式包括三个盟市的六大工业园区，具体为：乌海（千里山工业园区、西来峰工业园区、乌达工业园区）；鄂尔多斯（蒙西工业园区、棋盘井工业园区）；阿拉善（乌斯太工业园区）。

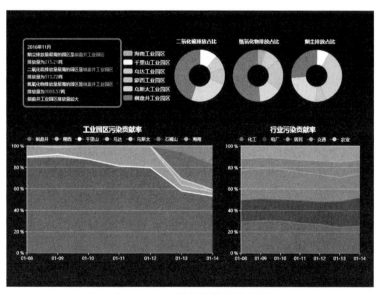

图 10.10　区域环境绩效分析图

2. 行业环境绩效分析

针对乌海及周边地区，围绕焦化、氯碱、电力、冶金四个重点行业进行分析，分析大气污染物贡献浓度及比例、排污强度，综合得出优先整治行业、鼓励与限制发展行业。

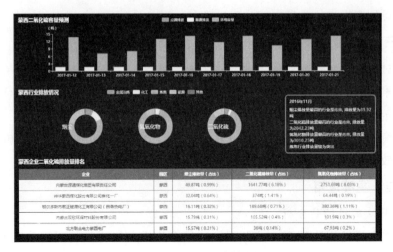

图 10.11　行业环境绩效分析图

3. 企业环境绩效分析

针对乌海及周边地区，按照不同企业，分析大气污染物贡献浓度及比例、排污强度，综合得出优先整治企业、鼓励、限制与淘汰企业名单。

4. 动态环境容量分析

结合气象条件，基于认知计算方法分析动态大气环境容量，并按照采暖期与非采暖期，以及各种时间维度统计动态大气环境容量，优化当前的行政总量控制指标；分别分析不利于扩散和有利于扩散气象条件依次对应的大气环境容量，为污染物总量管理决策提供依据。

第二节　大数据强化污染源精准监管

一、固定源数据标签体系应用

（一）建设背景

在大数据建设形势驱动下，数据驱动业务的理念已应用到信息化建设过程。以往基于基础数据的简单分析统计已不能满足环保日常监管、战略决策的需要；已不能支撑涉及多种监管对象的大数据综合应用场景；更不能适应对单个监管主体的深度特征分析，从而辅助精细化监管工作。环境大数据建设背景下，势必要求基于各类监管对象（如企业，断面，空气测点等）基础数据，利用大数据分析技术，结合业务场景需求，实现数据智能化加工，形成知识标签，深度刻画监管对象特征；势必要求依托标签体系，构建标签应用体系，从群体综合查询、大数据分析应用、精细化监管、风险防控等多方面实现基于标签的应用，助力环境大数据建设。

为了达到说清污染源底数、说清污染源现状、说清污染源排放以及进一步支撑环境监管，为企业绿色发展、大数据分析应用助力的目标，着力构建标签自动化生成流程，多层次多维度提取企业特征，形成标签云池并面向各类监管主体提供固定源分析应用、大数据综合场景服务、资源高效检索等支撑。

（二）建设目标

为促进企业、政府、公众对环境管理的共识共治，建立基于标签体系的企业环境行为评价。一方面向社会公开企业的环境绿色评价，引导正向价值观，树立企业健康、环保的社会公众形象，为绿色金融和绿色信贷奠定基础；另一方面，辅助管理部门识别高风险企业，践行一证式管理要求，提高精细化监管水平。建设以标签为基础，实现基于标签的企业群体查询及企业精准画像，辅助日常监管与企业绿色发展。利用标签生成技术，实现标签全流程、全生命周期管理，形成智能标签库。

（三）建设内容

1. 总体框架

图 10.12　标签服务系统总体架构

2. 标签服务系统

（1）环境数据资源中心。系统建设的前提是已建立环境数据资源中心。标签生成所用数据均来自于数据资源中心资源库。标签管理的任务运行、元数据管理、环境资源目录调用、服务接口配置等功能均依托于数据资源中心的管理能力。

（2）标签智造工厂。即标签系统管理平台，基于标签库提供从实体定义、标签定义、标签服务到标签评估、监控的标签全生命周期管理，是企业标签应用的支撑基础。

（3）标签智库。根据标签体系梳理成果，构建监管对象的标签存储库，实现企业、流域、区域等不同监管对象的标签存储。

（4）标签应用。实现基于标签的企业群体即席查询与按主题的查询，满足用户日常监管的需求。

（5）保障体系。系统根据标签业务的标准规范体系，依托安全保障体系、运维管理系统，为系统提供运行保障。

3. 主要应用

（1）企业环境画像。基于标签智造工厂生成的各类特征成果，结合大数据分析应用场景需求，全面构建企业级标签应用服务，支撑日常监管与决策。

图 10.13　企业标签架构

（2）企业环境标签智库。企业环境标签智库是实现标签应用、生成的前提，智库的构建通过体系完备合理的标签分类体系、明确清晰的标签定义以及存储能力来实现。

（3）标签智造工厂。基于标签的特征和全生命周期过程，建立适合生态环境大数据的标签管理中心，和现有生态环境大数据平台进行无缝整合，提供快速标签定义、生成和管理的平台。

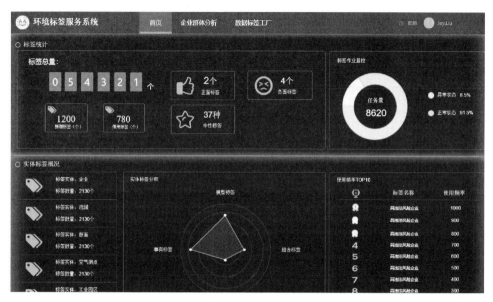

图 10.14　标签概览

（四）应用特点

1. 快速聚焦重点监管企业，深度助力监察执法、精细监管。

2. 企业环境特征全息刻画，极大满足企业信息公开与绿色发展需求。

3. 不断积淀业务模型算法，构建了完备企业环境标签智库。

4. 打造全流程、全生命周期环境标签智造平台，具备高效知识创造能力。

二、应用案例："环保电子警察——让污染源自动监控数据造假无处遁形"

（一）案例概况

辽宁省生态环境厅立足辽宁生态环境需要，启动实施了"辽宁省重点监控企业自动监控数据动态采集智能监管项目"。辽宁省重点监控企业污染源的自动监控设备的396个点位的数据采集仪按照环保部新修订的数据采集传输标准的要求升级改造，由单纯的数据采集传输变为采集传输+动态管控，采用直接从自动监测分析设备采集原始数据的传输方式，避免数据造假，保留了在线数据稳定上传功能，同时增加了对自动监测设备的运行状态、关键参数、报警状态、远程反控、门禁管理及图像取证功能，并具有违法行为取证功能，实现智能监管，为环保部门提供一种高效的远程管控手段，堵住在线数据造假行为，提高数据质量，保证自动监控在环境管理中的应用。

（二）应用创新

通过系统集成，可以实现数据的自动化上传，通过模型设计，可以对其他数据进行综合分析，为数据判断及决策服务。污染防治攻坚正由传统的"人海战"向自动化、智能化、信息化转变。

该项目不仅仅是一个动态监控系统，更是一个开放的、可拓展、可延伸的智能生态系统，系统全面兼容市面上全部的 35 种设备品牌及 80 多种协议，成功实现了在线监控数据、现场设备运行参数数据、现场设备运行状态数据三数据同时上传及现场情况影像监控数据上传。

（三）建设成效

系统能实时监控所有省控及以上重点污染源自动监控设备测量量程、曲线斜率、速度场系数等影响自动监测数据准确性的工作参数，并自动形成参数修改记录，大大提高了监控管理效率；能对自动监测设备的异常工作参数、异常运行状态及参数的修改进行报警；智能监管动态管控系统设置了远程反控和智能拍照功能。

项目真正提高了污染源在线数据的准确性，缓解监管人员不足的压力，减少管理成本，实现用信息化管理，提高管理结果科学性，促使排污企业更加遵守相关的环保法律、法规，逐渐实现排污企业排污守法常态化。

三、应用案例："信息化助力'三个全覆盖'，实现重点排污单位智慧监管"

（一）案例概况

安徽省生态环境厅建设了生态环境大数据中心，摸清环境质量现状和发展变化趋势，基本实现了污染源全生命周期数据管理，更需要进一步用数据驱动业务，发挥数据的价值。通过利用先进的信息化技术手段，建设安徽省污染源自动监控设备巡查系统及预警平台，强力推进"三个全覆盖"，实现重点排污单位监管智慧化。

大数据比对、现场核查、数据整合三步到位，实现排污单位名录覆盖"全"；

第三方巡查、企业自查、执法监督三措并举，实现自动监控设备精准"管"；污染源在线、预警平台、巡查系统三位一体，实现数据平台系统交互"畅"。

（二）建设成效

利用数视图端多种形式，说清企业排污现状，实现数据查阅从"去哪查"到"随便查"的方式转变；建设数据自动预警平台，监管任务不留死角，实现问题监管从"不好查"到"精准查"的管理转变；构建企业自主巡查体系，落实企业主体责任，实现排污企业从"我被查"到"我要查"的意识转变；简化三方单位巡查程序，提高精细监管能力，实现运维监管从"繁琐查"到"简易查"的效能转变。

四、应用案例："精准管控——智能化手段助力重金属企业监管"

（一）案例概况

厦门市集美区是重金属集控区，辖区有 51 家涉重金属工业企业。2019 年建设完成涉重金属企业监管模块，该模块创新采用涉重金属工业企业全过程监管理念，借助"互联网+"及多种物联网设备实时监测，引入企业生产模式分析、气体水质黑度分析、证据采集同步司法存证（全国首创应用）等技术，可以实现对多家涉重金属企业的同步监控分析预警。模块包含监督管理、智能分析、企业管理、环境舆情等 14 项子功能。

涉重金属企业监管模块共接入物联网设备 1502 个，其中，PH 计 40 个，RFID 标签 600 个，流量计 22 个，电流互感器 384 个，网络摄像机 123 个，数据和信号采集器 333 个，将企业生产的关键点位和末端排放的信息都纳入监管。

（二）主要成效

厦门市涉重金属监管模块，对重金属工业企业的中间生产过程及末端排放、危废管理等提供了智能化的实时监管和预警，充分考虑企业实际生产情况，对不同企业定制个性化的预警规则，933 条预警规则是重金属工业企业经过长时间积累下来的准确规则，有效保证了预警信息的及时、有效。

模块以环境问题为导向，通过人防和技防相结合的方式，对"问题收集-分类分级-问题甄别-指挥调度-任务追踪-问题关闭"的全流程进行管理，实现环境问题的集中汇集与统一调度。模块与生态环境监测网络及智能分析预警系统无缝衔接，及时发现环境问题，利用网络化环境监管管理机制，构建"横向到边、纵向到底"的环境监管体系，提升环境监管效率。

第三节　大数据推进生态环境监测智慧化

一、青海省生态环境监测大数据平台

青海省是国家重要生态功能区和生态安全屏障，生态环境敏感且脆弱。目前青海省的生态保护划分为 5 个生态板块，分布多个自然保护区和多个国家公园。基于大数据管理平台的数据支撑，建立针对各类环境要素和管理对象的监测大数据应用。在资源规划和数据汇聚的基础上，构建"一张网、一平台、N 应用、一张图"，为生态环境监管、社会公众和企业、相关其他政府部门提供数据共享服务。

为全面、及时、准确地监测和评价生态环境概况，生态环境厅全面开展天空地一体化的监测，对青海全区进行及时的生态环境质量监测和评估，并依托大数据平台实现对各类监测数据的接入整合和管理。在天空地一体化监测的基础上，大数据平台通过整合一站式监测综合分析等数据，实现对生态环境的整体状况进行及时的评估，以体现各区域生态状况的变化趋势。

大数据平台按照"大平台、大整合、高共享"的集约化建设思路，围绕生态环境主题，整合汇聚了来自生态环境及相关厅局的业务数据、物联网及互联网等数据。在充分整合各类监测数据的基础上，利用大数据的对比分析，结合卫星遥感数据、生态红线、自然保护区等重点生态功能区域数据，定期智能识

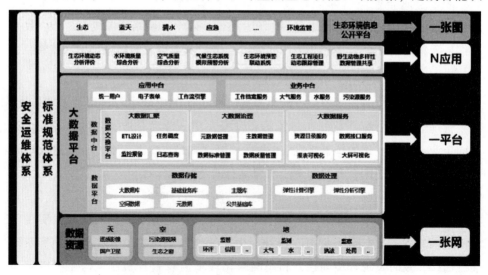

图 10.15　青海省生态环境监测大数据平台架构图

别可能的违法违规人类活动。通过结合线下的核查进行跟踪排查和处理，实现对生态环境的智能监管。同时，结合三线一单生态环境管控空间的划分，整合环境准入要求，对新建项目或工业园区的空间布局合规性等进行智能判别，从而加强环境准入的控制，确保国土空间安全。

二、内蒙古自治区生态环境监测大数据平台

结合自治区生态环境厅对生态环境保护工作的业务需求，依托生态环境大数据建设成果，经过四年的建设，内蒙古自治区生态环境大数据建设项目初步构建了一中心、一平台、N 应用的生态环境大数据体系。项目加强了监测数据采集汇聚和治理融合，建设了监测全维时空展示应用，实现了环境状况"一张图"、监测业务"一张图"、要素专题"一张图"、可视化综合查询；实现了入河排污口监管应用和监测数据专题服务，提升了生态环境监测数据的使用效率和应用深度，为生态环境重点业务开展提供支撑。

目前，平台通过对大数据的规划、汇聚和管理，可辅助完成大气污染防治、水环境污染防治、"一湖两海"流域污染防治、重点流域断面水质污染补偿管理、中蒙俄经济走廊生态环保大数据服务、互联网+政务服务等工作。此外，平台还可提供可视化的门户功能，能快速定制各类专题、分级管理体系、业务流程和属于自己的门户，打通了公文系统、综合办公平台、外网门户网站，实现了政务信息共享，消除了数字独岛，有效助力了业务协同和数据共享。

尽管平台在资源汇聚共享、业务协同和决策管理模式等方面做了许多优化，但仍在污染防治决策上缺乏大数据创新应用的支撑，数据资源汇聚治理能力不足，数据安全保障体系也不够健全。生态环境大数据建设项目未来将继续落实国家大数据战略和自治区大数据发展总体规划，以改善环境质量为核心，推进生态环境大数据的建设和应用，在"十四五"期间进一步提升大数据基础设施保障能力、汇聚治理服务能力、协同监管应用能力、综合决策支持能力和惠民惠企服务能力，支撑生态环境治理体系和治理能力现代化。

第四节　大数据助推治理能力现代化

一、江苏省生态环境大数据平台建设

（一）案例概况

江苏省生态环境厅为提升全省生态环境信息资源利用水平，全力服务全省

打赢污染防治攻坚战，2018 年 8 月，启动生态环境大数据平台建设工作，2019 年 5 月，生态环境大数据平台 PC 段初步建成；2019 年 12 月，江苏省生态环境大数据 APP 初步建成。

（二）基础建设

江苏省生态环境厅围绕"系统整合、数据共享"，主动开展大数据建设相关工作，积极推动省级生态环境数据资源归集共享、地方生态环境数据资源归集、提升横向部门数据交换能力等一系列工作，筑牢大数据平台建设基础。一是横向做好数据打通。初步完成全厅生态环境质量、自然生态环境、污染源管理、生态环境管理、核与辐射安全管理、生态环境政务、外部数据及其他等 8 类 215 项数据资源的归集工作，初步形成了生态环境为主，外部数据为辅的生态环境数据资源体系，相关数据已广泛应用于各类环境管理领域。二是纵向做好地方数据归集。2019 年在做好厅本级数据归集基础上，按照地区特色，分别选定无锡、苏州、泰州、宿迁、江阴、泗日等 6 个地区开展地方生态环境数据资源归集共享试点。初步实现全省试点地区生态环境数据资源互联互通。三是不断提升数据交换共享能力。编制印发《江苏省生态环境数据资源交换共享实施规范》，在全省统一数据交换共享的技术方法，初步搭建一套标准规范体系。对内，打通厅各处室间的数据共享交换通道；对上，实现与生态环境部数据交换共享；横向，实现与省大数据中心交换共享。

图 10.16　江苏省生态环境大数据平台总体架构

（三）实践应用

江苏生态环境大数据平台，通过"一个库、一张网、一套数、一张图、一个门户"集中展示各类环境监测数据、污染源监控数据以及环境业务管理数据，通过打通环境监管全流程数据、开展综合分析不断提升全省生态环境治理能力和治理水平。平台主要建设了"监测""监控""执法""执纪"四个子平台，并同步建设了大数据 APP，范围基本涵盖环境管理业务的全流程。

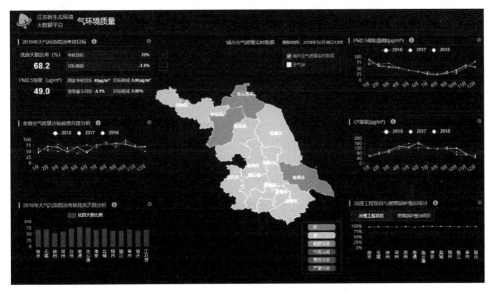

图 10.17　江苏省生态环境大数据平台大气环境质量分析界面

其中："监测"方面，围绕"碧水保卫战、蓝天保卫战、净土保卫战"三大攻坚战，共整合全省 104 个国考断面、380 个省考断面、641 个水质自动站（323 个已实现省级联网）、130 个饮用水源地、78 个海洋环境监测点、234 个大气自动监测站及 16621 个土壤详查点位信息，可动态查寻水、大气、海洋、土壤等各要素信息，实时分析大气、水环境质量状况、查看目标差距、进行趋势预测。

"监控"方面，初步整合全省 1979 家国控污染源、3.9 万家排污许可监管企业的监管信息以及全省 15 万家企业的"一企一档"信息，（包含散、乱、污）并实现污染源行业分布分析、污染物排放量分析以及实时监控数据分析等功能，为进一步提升环境监控能力打下基础。在做好监测、监控相关数据整合基础上，大数据平台着力强化监测监控数据的应用。

在"执法"方面，通过整合污染源监控数据，建成"全覆盖、全联网、全使用"的移动执法平台，实现行政执法全公示、执法过程全记录。通过现场执法"八步法"规范流程，统一了执法尺度，便于执法人员精准裁量。

图 10.18　江苏省生态环境大数据平台生态环境执法管理界面

　　在"执纪"方面，将污染源监管问题线索推送至省污染防治综合监管平台。通过"五个全"加强责任监督：一是"线索全收集"，通过问题线索，可以查看全部问题线索清单，涵盖环保督察"回头看"问题、上级交办线索、日常检查线索以及群众投诉举报等问题（主要包含了 12345、12369、全国环保微信半报、263 热线和专栏等），实现了一体交办、"一网打尽"。二是"部门全覆盖"，将具有生态环境保护法定监管职责的部门全部纳入其中，目前已经实现与 14 个部门的联通（1+14），可以查看各部门问题线索的办理情况。三是"处置全公开"，每一个环节都明确具体的责任人、整改时限和目标，做到提醒催办、实时跟踪、动态反馈。四是"预警全过程"，设定自动预警机制，对线索处置不及时、执法监管不规范、环境质量不达标等情况，都能够 24 小时监察预警，督促加快问题解决。五是"监督全方位"，纪委监委全程介入，及时发现和处理失职渎职行为。

　　在今年新冠疫情的特殊形势下，江苏生态环境大数据平台充分发挥了数据优势，切实起到了"让数据多跑路、干部群众少跑腿"的作用。通过大数据平台精准发现问题、快速解决问题，实行全过程监督，有力推动了各地各部门生态环境治理体系和治理能力现代化水平。

二、吉林省"三线一单"综合信息管理平台

（一）系统简介

　　吉林省"三线一单"综合信息管理平台以改善环境质量、服务战略环评为

核心，将生态保护红线、环境质量底线、资源利用上线落实到不同的环境管控单元，并建立环境准入负面清单的环境分区管控体系，利用"三线一单"数据与污染源、建设项目、行政区划的匹配与综合分析，指导区域规划、项目选址、项目准入工作，推动生态环境保护管理系统化、科学化、法治化、精细化、信息化发展。

（二）平台建设框架

吉林省"三线一单"综合信息管理平台按照"共享平台+模块化系统"建设思想进行框架设计，依托统一的环境信息标准规范体系、信息化运维管理体系和信息化安全保障体系，基础软硬件支撑平台，考虑与现有系统平台集成对接，沿用已有的信息化成果，对于新的功能模块构建在新的底层应用框架上，实现数据共享。平台建设应用框架图如下：

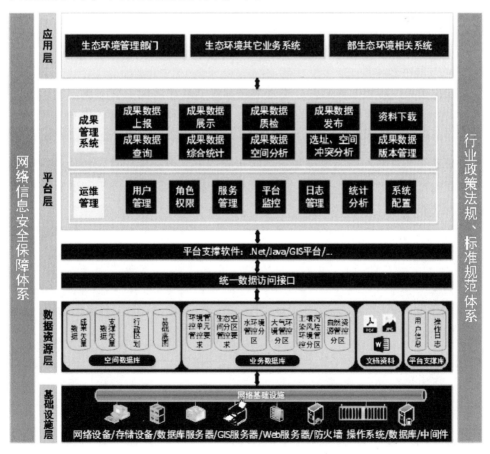

图 10.19　吉林省"三线一单"综合信息管理平台总体框架图

（三）系统功能

1. 数据库建设

构建"三线一单"数据库群，按照"三线一单"数据共享与应用系统建设目标，设计与建设"三线一单"数据库，实现对全省"三线一单"数据集中进行加工、整合和入库。构建"三线一单"数据库，包括"三线一单"基础数据库、成果数据库、环保业务数据库、空间数据库等。按三类维度梳理成果数据库目录，支撑应用系统功能实现。

2. 数据成果查询展示

平台基于数据资源目录、"三线一单"成果目录和环保业务数据，提供各类数据的综合查询和可视化展示功能。将吉林省的数据成果通过一张图进行展示，支持多条件自定义组合的高效模糊查询，可以查看吉林省 26 个图层的数据成果展示，以及进行自定义组合的多图层展示，可以查看每个管控单元的信息，以及管控单元在图层上的位置信息和详细管控要求等信息。

3. 智能研判分析

强化源头预防和过程监管，推进战略和规划环评落地、空间规划和国土空间格局的优化，为战略和规划环评落地以及项目环评管理提供依据和支撑，为其他环境管理工作提供决策支持。智能审批项目是否符合"三线一单"管控要求（也就是项目准入）需要满足：空间布局约束、污染排放管控、环境风险管控和资源开发效率管控。主要包括空间冲突分析、项目准入分析和项目选址分析三大功能。

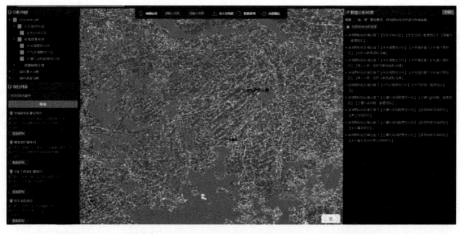

图 10.20 吉林省"三线一单"综合信息管理平台空间冲突分析

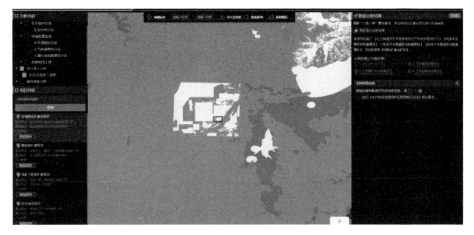

图 10.21　吉林省"三线一单"综合信息管理平台分析

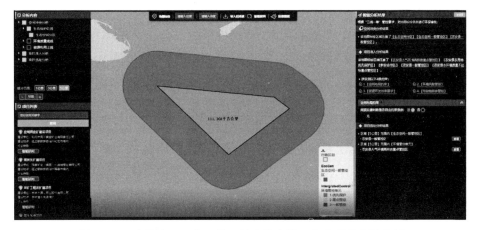

图 10.22　吉林省"三线一单"综合信息管理平台项目选址分析

4. 数据成果交换

实现与生态环境部交换"三线一单"成果数据，与各委办厅局、各地市的生态环境局进行数据共享交换，与厅内建设项目环评审批、环境监察执法、排污许可证管理等业务系统实现有机衔接，支持业务化运行，实现数据的共享。

（四）系统特点

1. 全面摸清全省环境底数

吉林省"三线一单"综合信息管理平台开发及智能应用的建立，有助于摸清全省范围内的重要自然资源及生态红线分布，明确环境质量底线和环境影响负面清单，有助于环境管理部门在此基础之上，有针对性的对某些重要的自然资源及生态红线区进行保护，便于以环境质量为导向统筹整个区域的建设项目及污染源管理。

2. 数据统一归集展示及应用

吉林省"三线一单"综合信息管理平台开发及智能应用实现了区域范围内环境质量底线、资源利用上线、生态保护红线、环境负面清单等数据的统一归集展示及应用，避免了多源数据降低系统可用性的问题，同时也便于打通省市县及横向政府职能部门，使"三线一单"大数据得以在更多应用场景下得到利用，充分挖掘数据的价值。

3. 提高环境管理决策能力

吉林省"三线一单"综合信息管理平台开发及智能应用的综合分析模块可以利用大数据分析建设项目选址合理性与准入条件相符性，并关联环境质量数据与污染源数据，为区域环境规划、规划环评、建设项目环评提供大数据视角下的科学分析结论，实现了"三线一单"成果数据与环境业务深度融合，为环评审批、战略规划提供了决策依据，便捷的解决了分析建设项目能不能建、建在哪里、应该如何建设的问题，提高了环境管理部门的决策能力。

4. 部省统筹、标准一致

平台采用生态环境部"三线一单"成果校验工具对进入平台的"三线一单"成果数据进行校验，及时发现存在的问题数据，并提供成果校验报告，可供"三线一单"成果编制人员进行修订，保障与生态环境部"三线一单"成果要求一致性。

第五节　大数据服务"六稳""六保"

一、强化亲清服务，精准助力"六稳""六保"

以福建省生态环境亲清服务平台项目建设为实例，详细介绍项目的基本情况、应用情况和和亮点与特色。

（一）基本情况

为深入贯彻落实习近平总书记关于构建亲清政商关系的一系列重要指示精神，2019 年以来，福建省生态环境厅充分发挥国家生态文明试验区改革试验田作用，创新体制机制，充分用生态云平台建设成果，运用"大数据、区块链"等技术手段，强化"互联网+政务服务"应用，建立全国首个省级生态环境领域亲清服务平台，构建云上审批咨询、云上亲情提示、云上环保超市、云上指导

图 10.23　福建省生态环境亲清服务平台界面

整改、云上激励奖惩等全链式贴心服务，切实帮助企业解决在环境治理上面临的实际困难，推动企业落实生态环境保护主体责任，激发企业绿色领跑的内生动力。

（二）应用情况

1. 化繁为简，办事省心，打造优质审批服务"新体验"。过去企业办事存在登陆网址多、账户多、密码多、表单多的问题，让企业晕头转向。为解决这一问题，平台从强化在线亲清服务着手，全面进行系统优化整合，助力审批服务转型。一是只进"一扇门"。整合生态环境部门现有的环评审批、排污许可、自行监测等各类涉企环境管理信息系统，打造统一的企业环保综合门户。二是实行"一号通行"。以社会统一信用代码作为企业用户的唯一账号，替代原有诸多信息系统的企业用户名，做到"一源一码"、一号通行、全系统应用。三是推行"一网通办"。整合集成 60 项审批和公共服务事项，做到"一张网"审批、"一站式"办理，推行不见面审批，目前省级已实现 100% 不见面审批。四是服务"一屏尽享"。在线提供各类审批事项清单和办事指南，流程走到哪、服务跟到哪，还可共享操作页面，线上"手把手"演示指导，变"面对面"为"键对键"。五是实现"一表通填"。归并整合各涉企信息系统中要求企业填报的表单数据，并可将填报信息同步回流至原有系统，有效避免企业重复填报。企业普遍反映办事更便捷了，效率更高了。如，在全国率先实现了闽赣危废跨省转移"无纸化"和"零跑路"，办理时间缩短 70% 以上。

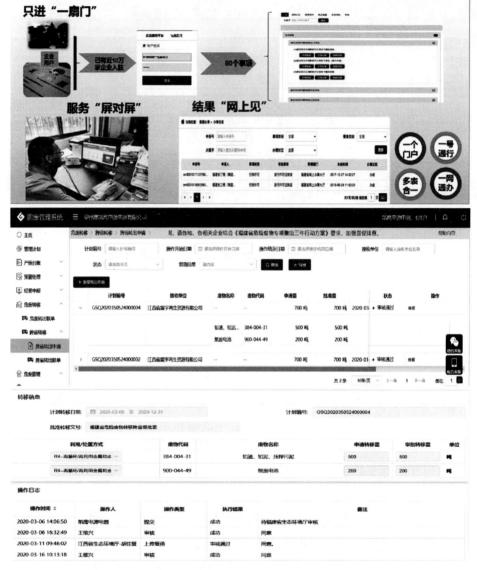

图 10.24　危废跨省转移在线审批界面

2. 依法依规，帮扶贴心，树立企业自我管理"新标杆"。为有效解决部分企业对环保家底不熟悉，环保责任难落实的问题，平台帮助企业建全环保档案和问题台帐，推动落实环保主体责任。一是主体责任清单化。根据环境保护法律法规，梳理环保责任清单，让企业明晰能够做什么，应当做什么，做到明责任、知要求、守底线。二是企业画像全景化。帮助企业建立可视化数字环保档案，完善企业画像，能够更加全面、清楚掌握自身环境管理状况。如，疫情期间，全省 94 家定点医院和 9 家医疗废物集中处置单位都建立了自身可视化数字档案。三是信息共享社区化。设立"环保社区"，梳理环境保护相关法律法规政策 1265 部、环境标准 1012 条、常见问题 1339 条。同时还开设了环保课堂解读、环保案例展示等栏目，供企业学习借鉴和自我提升。

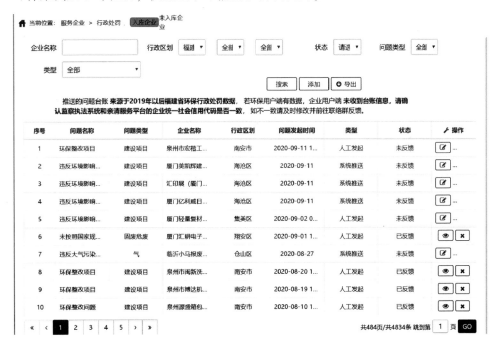

图 10.25　企业问题台账系统

3. 人性关怀，监管暖心，营造智能环境监管"新家园"。过去，我们监管企业"要求多、指导少"。平台为企业建立数字家园，既有"刚性约束"，更有"人性关怀"，帮助企业提升自我管理水平，变"被动监管"为"主动自律"，助推生态环境治理体系现代化。一是预警提示实时化。实时提供设施异常预警、潜在违法警示、环保管理提示等服务，帮助企业早发现、早整改、早解决。目前已累计发送在线监控、自行监测、环境应急等各类警示信息 30 余万条，有效减少企业违法违规行为的发生。二是问题台账智能化。融合打通相关数据，智能化生成环境问题台账 7000 余条，引导企业有的放矢抓好整改，实现靶向整改。同时企业将整改情况实时上传平台，通过线上核实、视频指导，实现非现场智慧精准监管。三是环境监管差别化。依托大数据分析，对企业实施分级管理，对环境管理水平较高、整改积极主动的，减少现场检查频次；而对环境管理水平较差、逃避环境监管的，则加密检查频次，提高执法效能。如，长乐一家印染企业收到平台提示后，及时排查修复治理设施，并报备上传视频、照片等佐证材料，生态环境部门线上审核后，免予现场检查。四是信用评价动态化。将环境信用评价由原先年度评价变为实时评价，实现负面信用信息到期自动修复，及时为"知错能改"的企业松绑，服务"六稳""六保"。如，罗源一家违法企业通过整改，信用等级自动修复为良好企业，解除了银行信贷限制，企业表示将力争获评环保诚信企业，实现绿色领跑。借助平台的贴心提示服务，让企业自我管理水平明显提高，违法行为明显减少。

图 10.26　专家在线解答界面

4. 牵线搭桥，治理放心，搭建专业环境治理"新市场"。各类第三方服务机构鱼龙混杂，企业看花眼。为此，平台打造了"在线环保超市"，为企业环保治理打开"方便之门"，助推生态环境治理能力现代化。一是组建专家团队。组织全省1500多位专家，构建环保专业全覆盖、服务全方位的专家智囊团，建立专家值班制度，为企业提供"一对一"专业技术指导。二是在线值班解答。值班专家常态化在线解答企业在环境污染治理等技术方面的疑问和难题，实行专家评星评级、考核退出机制，让专家服务更用心。三是治理服务对接。严把第三方服务机构准入关，并对其服务进行动态评价。第三方机构可通过平台展示成果案例和实用技术，企业可根据需要自主选择，也可以主动发布需求信息，征集最佳解决方案。截至目前，已引入各类第三方环保服务机构 170 家，一批污染治理项目在平台牵线搭桥下实现无缝对接。

图 10.27　提供第三方环保服务

图 10.28　信用动态修复

（三）亮点与特色

1. 化繁为简，提升服务体验。优化整合系统，实现"一码登陆""一表通填""一网通办"、不见面审批。在线提供办事指南，还提供云上"手把手"演示指导。同时，审批进度自动短信通知，审批结果即时可见。

2. 人性关怀，实时预警整改。平台实时提供异常预警、潜在违法警示、环保管理提示等提示功能，尽量避免企业环境违法违规行为发生。自动梳理汇聚企业环境问题，建立各类环境问题台账，引导企业有的放矢抓好整改，实现靶向整改。鼓励企业自证整改成效，生态环境部门减少现场核查。

图 10.29 亲清服务平台企业登录界面

图 10.30 亲清服务平台企业监控告警界面

3. 牵线搭桥，实现精准帮扶。打造省级"在线环保超市"，引入各类第三方环保服务机构，便于企业寻找咨询评估、污染治理、环境监测等技术支撑。通过平台展示第三方机构优秀技术成果案例及国内外实用技术信息，供企业比选。平台实现企业和第三方环保服务机构在线供需对接。

图 10.31　亲清服务平台成果展示

4. 奖优促改，强化环保意识。平台提供企业环境信用的动态评价服务，实施信用联合奖惩，倒逼企业自觉守法。引导企业主动整改，在线自动修复企业环境信用，有利于企业融资。推行差别化监管，对环境信用诚信的企业，纳入监管正面清单，减少检查频次。深化"政银企"合作，推动守信企业在金融、电力等方面享受更多优惠政策。

二、"粤环服"上线，让企业办事更简单

（一）基本情况

广东省生态环境厅于 2021 年 4 月 30 日正式上线生态环境事项企业服务专区——"粤环服"，首次将分散在生态环境各业务部门不同平台的企业涉环保高频事项集成到移动平台。"粤环服"企业服务专区（以下简称"专区"）充分利用大数据等信息技术，根据企业在线办事实际需求，将打造集"事项办理""事项查询""政策文件"3 大版块 17 个服务事项为一体的移动服务专区，为企业提供贴身便捷服务。首批环保码、信息公开、进度查询、排污许可以及行政处罚 5 个线上信息查询功能先期上线。企业办事只需一次登录，即可实现多项政务服务"一站式"指尖办理，为深化生态环境领域"放管服"改革、优化营商环境再次按下"加速键"。

（二）应用情况

1. 企业环境信息"码"。只要用手机扫一扫，立刻就能获取企业环境公开

图10.32 亲清服务平台企业自我管理界面

信息。专区面向全省重点排污单位，为其打造专属环保码，向社会公众和商事主体展示环境信用评价等级和企业环境信息。环保码同时与专区"信息公开"页面相链接，展示信息包括排污信息、防治污染设施、建设项目许可、环境应急预案、自行监测方案，以及水污染、大气污染、固废污染、噪声污染等最新监测数据。环保码一方面增加了企业信息公开的渠道，方便公众获取环境信息，便于接受公众监督。另一方面在商业洽谈合作中，有了这个"身份证"，能让对方快速直观了解企业环保信息，增加企业互信。

2. 113项进度查询。坚持"一站式"办事，将政务网上企业涉环保高频事项进度数据全部集成对接到移动端，企业动动手指便可自动关联相关平台信息，获得办理进度，信息查询进度涵盖行政许可25项、政务服务88项，包括建设项目环境影响评价文件审批、危险废物经营许可证核发、固体废物转移许可等高频办理事项。

3. 排污许可及行政处罚查询。只要是取得排污许可证或者登记备案的企业，通过专区都可查看自身排污许可登记备案信息。主要信息包括主要产品信息、涉VOCs辅助使用信息表、废气排放信息、废气污染治理设施、废水排放信息、

图 10.33　粤环服专区界面（图片来源于百度网）

废水污染治理设施、燃料使用情况、工业固体废物排放信息等。专区还设置了行政处罚查询功能，被纳入环保执法监管的企业，均可查询生态环境保护执法的相关处罚信息。

（三）特色及创新

1. 扫一扫，企业环境信息"码"上知晓。环保码相当于企业环境的身份证和健康码，动态反应企业污染排放和环境监测等情况，实时了解企业最新环保信息，促进企业自律守法，自我管理提升。

2. 让数据领跑，113 项进度查询实现"指尖办"。专区面向所有企业，提供在广东省政务服务网所办理生态环境服务事项的进度查询。与去服务大厅现场办理和登录服务网站相比，操作更加简单方便，可省不少时间。

3. 排污许可、行政处罚随时看。督促企业按证排污为帮助排污企业自查，确保按证排污，专区上线排污许可查询，方便排污企业查看排污许可信息。此外企业可随时查看自己环境违法情况，督促企业及时整改，知法守法。

参考文献

[1] 习近平总书记 2018 年全国生态环境保护大会讲话稿

[2] 人力资源和社会保障部 国家质量监督检验检疫总局 国家统计局. 中华人民共和国职业分类大典

[3] 国务院. 国家环境保护"十二五"规划：国发〔2011〕42 号.（2011 年 12 月 15 日）

[4] 生态环境部. 中国生态环境状况公报

[5] MBA 智库百科（mbalib. com）

[6] 《内蒙古自治区关于全面加强生态环境保护　坚决打好污染防治攻坚战的实施意见》

[7] 朱松岭. 离线和实时大数据开发实战 [M]. 北京：机械工业出版社，2018.

[8] 杨传辉. 大规模分布式存储系统：原理解析与架构实战 [M]. 北京：机械工业出版社，2013.

[9] 谢向东，许桂秋. 大数据预处理技术 [M]. 浙江：浙江科学技术出版社，2020.

[10] 查伟. 数据存储技术与实践 [M]. 北京：清华大学出版社，2016.

[11] 方粮. 海量数据存储 [M]. 北京：机械工业出版社，2016.

[12] 韦鹏程，颜蓓，陈美成. 面向大数据应用的数据采集技术研究 [M]. 北京：中国原子能出版社，2019.

[13] （美）Chris Albon. Python 机器学习手册：从数据预处理到深度学习 [M]. 北京：电子工业出版社，2019.

[14] 白宁超，唐聃，文俊. Python 数据预处理技术与实践 [M]. 北京：清华大学出版社，2019.

[15] 刘丽敏，廖志芳，周韵. 大数据采集与预处理技术 [M]. 湖南：中南大学出版社，2018.

[16] 朱晓姝，许桂秋. 大数据预处理技术 [M]. 北京：人民邮电出版社，2019.

[17] 汪先锋. 生态环境大数据 [M]. 山东：中国环境出版集团，2019.

[18] 中国信息通研究院云计算与大数据研究所、CCSA TC601 大数据技术标准

推进委员会来源. 数据资产管理实践白皮书

[19] 程春明, 李蔚, 宋旭. 生态环境大数据建设的思考 [J]. 中国环境管理, 2015 (6)：9-13.

[20] 盛丹. 大数据视角下地方政府治理能力提升研究 [D]. 湘潭：湘潭大学, 2015.

[21] 张兰廷. 大数据的社会价值与战略选择 [D]. 北京：中共中央党校. 2014.

[22] 陈晓霞, 徐国虎. 大数据业务的商业模式探讨 [J]. 电子商务. 2013 (06)：16-17.

[23] 陈金晓. 大数据与中国经济转型升级 [J]. 经济论坛. 2019 (03)：26-32.

[24] 袁纪辉. 大数据发展研究综述及启示 [J]. 网络空间安全. 2019 (12)：54-61.

[25] 蒋洪强, 卢亚灵, 周思, 杨勇. 生态环境大数据研究与应用进展 [J]. 中国环境管理. 2019 (06)：11-15.

[26] 雷庭. 我国大数据产业发展的影响因素研究 [D]. 北京：北京交通大学, 2017.

[27] 陈健. 我国大数据技术发展的政策体系研究 [D]. 云南师范大学. 2017.

[28] 金和平, 郭创新, 许奕斌, 廖伟涵, 能源大数据的系统构想及应用研究 [J]. 水电与抽水蓄能. 2019 (01)：1-13.

[29] 刘晓波, 蒋阳升, 唐优华, 张仪彬, 王子兰, 罗洁. 综合交通大数据应用技术的发展展望 [J]. 大数据. 2019 (03)：55-68.

[30] 姚琴. 面向医疗大数据处理的医疗云关键技术研究 [J]. 浙江大学学报. 2015 (10)：4-7.

[31] 王颖, 薛凡. 环境信息化发展进程与规划初探 [J]. 2016：全国环境信息技术与应用交流大会论文案例. 2016：15-22.

[32] 詹志明, 尹文君. 环保大数据及其在环境污染防治管理创新中的应用 [J]. 环境保护. 2016 (06)：44-48.

[33] 刘丽香, 张丽云, 赵芬. 生态环境大数据面临的机遇与挑战 [J]. 大数据时代. 2018 (01)：43-50.

[34] 陈昊. "粤环服" 上线, 让企业办事更简单 [J]. 环境. 2021 (05)：30-31.